文/图 Fendy 著

天天烘焙

甜味篇

SPM 南方出版传媒 广东科技出版社
·广 州·

天天享受健康烘焙

十多年前，我第一次接触烘焙，没有太多的工具和材料，用电饭煲把蛋糕烤成了馒头，浇上果酱，还乐滋滋地啃得好香。很多人第一次的烘焙成果，都比我的好上很多倍，成就感满满。相信我们当时的喜悦感是一样的。

烘焙没有想象中那么难，可以一通百通，很多糕点都能举一反三，只要严格地按照配方制作，多做几次就熟能生巧。

烘焙是促进家庭和谐、生活幸福很好的方式。亲子关系、夫妻关系、婆媳关系、邻里关系、朋友关系、同事关系等等，都可以通过一起动手烘焙或分享自己的手工糕点来提升至更融洽。

这本书，是我从2003年开始接触烘焙至今，从国内、外书籍和老师那里学习、创作和积累的家庭糕点配方及制作方法，希望严谨的配方、详细的图文步骤、经验分享和一些常见糕点的制作视频，帮助大家快速进入烘焙之门。

烘焙，让我们的生活更美好！
Fendy
新浪微博：@Fendy天天烘焙
美食博客：http://blog.sina.com.cn/fendy

与您分享，是我们的快乐

Fendy老师答疑

问：我想学烘焙，用什么烤箱好呢?

答：长帝品牌烤箱，就是不错的选择。需要保证几点就行：烤箱容量30升以上，受热才均匀；上、下管单独控温；有内视灯，可观察烘焙中的情况，避免烤糊等。

问：配方太甜了，可以减少糖量吗?

答：可以根据自己的口味灵活增减。但其他材料建议不要擅自增减，否则容易导致烘焙失败。

问：为什么烤箱必须要提前预热?

答：如果制作好的蛋糕糊不能马上用所需的温度烘焙，就会逐渐消泡，导致烘焙失败；而饼干、面包等糕点，如果不能马上用所需的温度烘焙，表皮就容易干裂或变皱。

而且，如果糕点进入烤箱才开始加热，按照配方所定的时间往往不够。

问：酵母粉、小苏打和泡打粉一样吗?

答：酵母是一种活性生物，通过生物原理产生二氧化碳导致糕点内充气膨胀。小苏打是化学物质，遇水在高温下产生二氧化碳使糕点膨胀，呈碱性，能中和糕点里的酸。泡打粉是复合化学物质，里面含有小苏打，遇水通过化学反应产生二氧化碳。

因为蛋糕面糊或糕点糊中的油和糖含量高，酵母无法生存，所以通常是用小苏打或泡打粉使其膨胀；而面包和比萨等低糖、低油的面团，就可以用酵母膨发。

泡打粉必须选用不含铝的健康型泡打粉。

问：奶油、黄油、牛油、淡奶油和植物奶油有什么区别?

答：奶油通常指动物奶油，是牛奶的提取物，奶油进一步提取得到黄油，奶油的英文是cream，黄油英文是butter；牛油则是牛肉脂肪中的油分，英文是beef fat；奶油、黄油、牛油常用于制作各类曲奇、酥饼、马芬蛋糕等糕点；淡奶油是牛奶的另一种提取物，英文是whipping cream，是制作蛋糕裱花、慕斯蛋糕等的主要原料，打发淡奶油所需添加的细砂糖约为15%；植物奶油是人工合成的代淡奶油产品，会产生大量的反式脂肪酸，增加患心血管疾病、糖尿病等风险，不建议作为家庭烘焙原料。

问：为什么做出来的翻糖花和糖蕾丝总是软哒哒的定不了型?

答：所有翻糖蛋糕相关的制作都应该在空调房里进行，保持空气的干爽低温，才能让翻糖皮、干佩斯花糖蕾丝有较好的定型效果。

问：制作糕点剩下的蛋清或蛋黄还可以做些什么?

答：剩下的蛋清还可制作马林糖（详见第086页）；剩下的蛋黄可做卡仕达酱（详见第012页）。

问：不小心冷冻了的奶油、奶酪怎么使用?

答：可以隔着热水升温到60℃左右移开热水，用打蛋器打发至光滑即可；如果这样仍出现颗粒，直接与其他材料制作成芝士糊，过密筛就可去掉因冷冻出现的颗粒，蛋糕糊就会变得丝滑。

Summer老师答疑

问：冷冻类蛋糕（如慕斯蛋糕）怎样脱模?

答：用热毛巾、电吹风、喷枪等将周边解冻，冷冻蛋糕就与模具脱离。如果是慕斯圈，只需轻轻往上抽出圈即可。如果是活底模，可以用手将底片顶出；或是放在比底片小的杯子上将蛋糕顶出圈外，然后再用抹刀或铲子等将蛋糕从底片上脱下。

问：什么是水浴法?

答：将装有蛋糕糊的模具放入盛有水的大烤盘中烘烤，使受热更温和、更均匀。

烤盘中的水如果已烤干而蛋糕还没烤熟，需加热水继续烤至熟为止。水浴法一般用于芝士蛋糕、布丁类等精细糕点。

“天天烘焙乐坊”多位老师为您答疑

问：可可粉与巧克力是否可以互换？
答：不可以。状态不同的材料不建议互换，会破坏大部分配方的干湿度平衡。

问：什么是打发、坐冰水打发、坐热水打发？
答：通过搅打使空气进入材料的过程就叫打发。坐冰水打发一般用于奶油、牛油打发，特别是淡奶油。坐热水打发一般用于全蛋打发，如全蛋海绵蛋糕用得比较多。

问：什么是隔水加热？
答：将装有材料的小盆放入装有热水的大盆中，叫做隔水加热。加热奶油芝士、巧克力等多用隔水加热法。

问：怎样避免戚风塌陷、粘牙、表面开裂？
答：烤前的20分钟不要开炉门；出炉后立即拿出放在桌上，震两三下，然后立即倒扣在晾网或烤网上；完全冷却后再脱模和切块。

小远老师答疑

问：戚风蛋糕冷却后为什么底部会凹进去？
答：这可能是蛋糕模具底部有水，或是烤箱下火温度太低。

问：吉利丁片和吉利丁粉用法一样吗？
答：两者作用是一样的，不同的是吉利丁片可以用大量的冰水泡软后捞起使用，吉利丁粉需要用适量的水泡发后直接使用。

问：为什么我做的海绵蛋糕打发不起来？
答：制作海绵蛋糕最好是全蛋液隔着热水加热到一定温度再打发，这样很轻松就能打发起来。

问：色拉油可以用花生油代替吗？
答：一般建议用味道不太重的调和油代替色拉油，而花生油、橄榄油等味道过重，不适宜用于烘焙糕点。

问：冰箱拿出的黄油直接加热融化了，还可以打发成奶油霜做曲奇吗？
答：放入冰箱冷藏一下，稍凝固后就可以打发成奶油霜继续制作曲奇。

问：打发奶油霜加入鸡蛋时油水分离了，怎么办？
答：在原方子的低筋面粉里拿20克左右加进去一起混合打发，就可以恢复。

为防止打发奶油时油水分离，加鸡蛋时一定要分次加入，充分吸收后再次加入。

小英老师答疑

问：海绵蛋糕没戚风蛋糕好吃，海绵蛋糕有什么优势吗？
答:海绵蛋糕膨松、弹性好，可承受较大重量而不塌陷，很适合作为慕斯蛋糕和水果奶油蛋糕的夹层和翻糖蛋糕坯。

问：为什么我用配方上的温度，蛋糕会不熟或焦黑？
答：每个烤箱都会有些许温差，可以买个烤箱温度计测量，看是否偏低或偏高，然后加减这个温度偏差值，以调节到真实温度。

问：做戚风蛋糕，蛋清为什么要滴入柠檬汁？
答：因为蛋清呈碱性，滴入柠檬汁可中和酸碱度，使之打发后更稳定。

问：我烤的蛋糕时间还没到，可是表面已经金黄色了，要提前拿出来吗？
答：先用牙签插进蛋糕，看是否有面糊粘在牙签上，如果粘了就是还没熟，可以在蛋糕顶面铺张锡纸以防表面烤焦，然后继续烤。

目 录（部分内容配有视频演示；本书中，1/4茶匙≈1毫升）

基础知识

蛋糕类

派·塔·曲奇·点心

装饰类糕点

基础知识

了解烤箱

烤箱，不是厨房的摆设

很多人在购买烤箱前，总是非常纠结，担心这么一个大家伙放在厨房里如果不常用，会浪费钱又很占地方。

为什么不常用呢？因为糕点做得不好吃，失去信心？还是因为不会灵活运用烤箱做菜，面对烤箱束手无策？其实这些都不是难事，制作糕点的时候严格按照步骤和配方进行；烤制菜肴的时候，灵活根据喜好增减材料和调味料，总会让你满意万分的。

如何选购烤箱？

看体积 内体积30升以上才是适合家庭烘焙的烤箱，一次可以烤制2个6寸的蛋糕，50升左右的烤箱一次可以烤4个6寸的或2个8寸的蛋糕。

看功能 可以上加热管和下加热管独立控温（分别设定温度）；有内视灯可以查看烘烤的情况；有3层以上烤盘搁架，可以灵活调整烤盘高度；最高温230℃以上；有低温发酵功能；可以定时60分钟以上，并且有常通功能便于发酵。具备这些基本功能，家庭烘焙就不是难事了。

看配件 除了烤盘、烤网、烤盘手柄，有些烤箱还有烤肉旋转功能，会配烤鸡叉和烤鸡手柄；还有接油盘等。基本上，有烤盘、烤网和烤盘手柄，就可以进行基础烘焙了。

看品牌 烤箱的工作原理简单，使用过程很少会出现故障，只要具备以上功能和条件，并且售后有保障的品牌都可以购买。比如长帝烤箱，就是很好的品牌。

使用烤箱注意事项

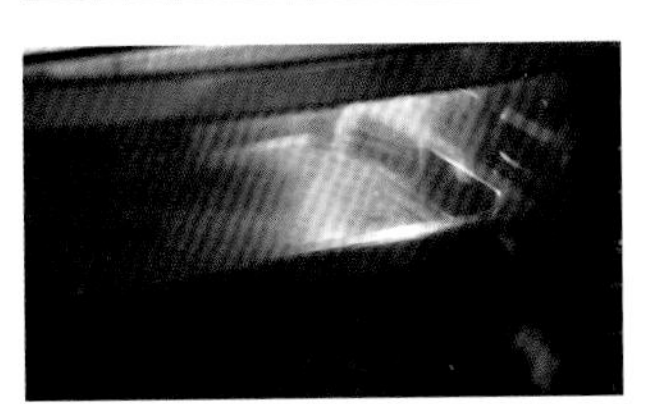

01 第一次使用，要打开烤箱门200℃空烤30分钟左右，让烤箱内部的涂料层在高温下释放完异味。

02 烘焙饼干等小糕点时，为了受热均匀，可以在烘焙过程取出烤盘，调整方向后，再放入烤箱继续烘焙。但蛋糕和马卡龙等对温度较为敏感的糕点不可以在烘焙过程中打开烤箱。

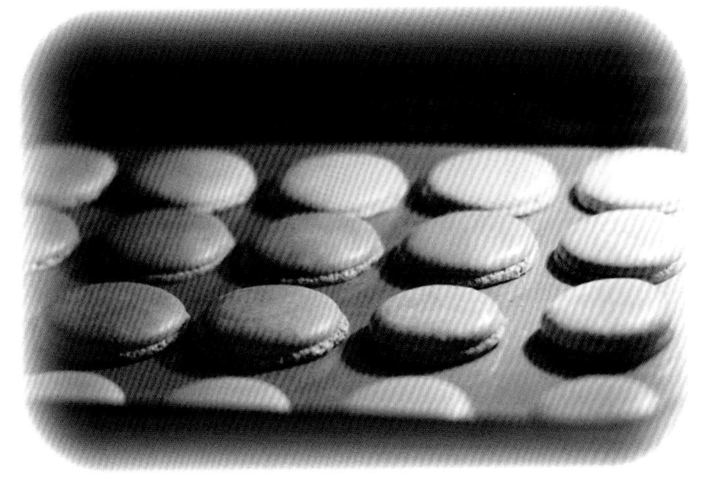

03 烘焙糕点和菜肴时，都需要先预热烤箱5~10分钟，让烤箱达到所需的温度再进行烘焙。特别是蛋糕类，必须要留意这一点，如果烤箱未预热直接烘焙，蛋糕糊在等待烤箱达到温度前，可能会消泡厉害，成品不蓬松。其他糕点，也会在等待的过程中水分流失快，表皮干皱。烘烤菜肴时，对预热要求不高，如果未预热就放入烤箱，需要在配方写明的时间上延长5~10分钟。

04 微波炉无法取代烤箱烘焙糕点。微波炉和烤箱加热食物的原理完全不同，微波炉是通过食物内部分子热运动产生的热量加热食物，烤箱是加热管传递热能到食物表面加热食物；微波炉加热食物快速，但水分及营养丧失严重，无法达到烘焙的效果，所以无法取代烤箱。

05 烤箱温度高，所以取出烤好的食物时，必须使用烤盘手柄或者高温手套，避免烫伤。

温馨贴士

不同的烤箱，同指针下的实际温度可能会存在差异，所以建议购买一个烤箱温度计，测量出自己烤箱温度和实际温度的差值。烘烤的时候把这个差值考虑进去。本书中使用的烤箱温度已经过烤箱温度计的校正。

烘焙包装材料

装饰性花底纸家中可以常备，即使在准备中餐时，都可以用来铺在盘底装饰菜肴。

①6寸乳酪盒 ②点心盒 ③点心盒 ④6连Cupcake蛋糕盒 ⑤4连Cupcake蛋糕盒 ⑥8寸蛋糕盒 ⑦巧克力糖果盒 ⑧彩焰蜡烛 ⑨布丁瓶和塑料盒 ⑩马芬纸杯 ⑪饼干塑料罐 ⑫数字生日蜡烛 ⑬生日蛋糕盘 ⑭装饰丝带 ⑮牛皮纸饼干袋 ⑯装饰性花底纸 ⑰Cupcake油纸杯 ⑱梳乎厘瓷杯 ⑲推推乐筒 ⑳月饼点心盒

烘焙基本工具

下图红色标注的是基础烘焙最必备的工具.

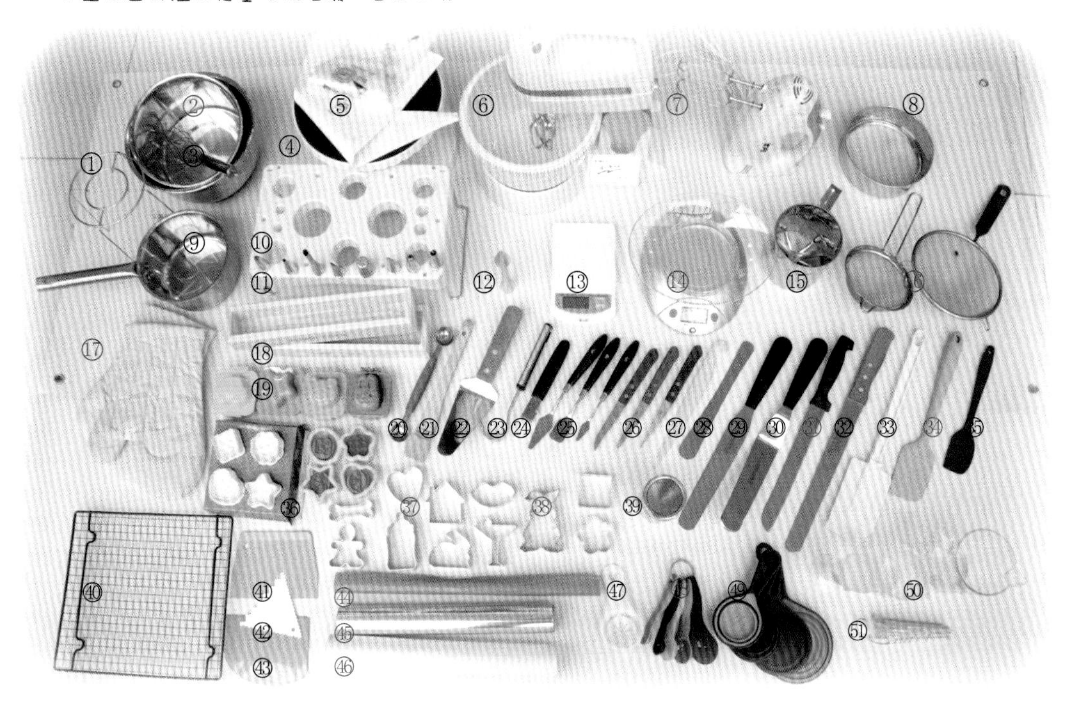

①蛋糕架 ②打蛋盆 ③手动打蛋器 ④裱花转台 ⑤裱花袋 ⑥台式打蛋器 ⑦手持打蛋器
⑧圆面粉筛 ⑨奶锅 ⑩裱花台 ⑪裱花嘴 ⑫裱花棒 ⑬电子秤 ⑭电子秤 ⑮杯式面粉筛
⑯面粉筛 ⑰高温手套 ⑱切割饼干木盒 ⑲月饼鸡蛋模 ⑳水果挖勺 ㉑食物刷
㉒铲刀 ㉓巧克力刮 ㉔柠檬皮刮 ㉕巧克力抹刀(三把) ㉖雕刻刀(三把)
㉗脱模刀 ㉘馅挑 ㉙裱花抹刀 ㉚弯型裱花抹刀 ㉛短面包刀 ㉜长面包刀
㉝大刮刀 ㉞刮刀 ㉟小刮刀 ㊱饼干模 ㊲凤梨模 ㊳饼干印模 ㊴撒粉罐 ㊵晾网
㊶硬刮板 ㊷三角刮板 ㊸软刮板 ㊹高温布 ㊺锡纸 ㊻油纸 ㊼分蛋器 ㊽量勺
㊾收缩量杯 ㊿量杯 51酵母量杯

天天用裱花袋做巧克力曲奇

翻糖专用工具和材料

棉花糖和特幼糖霜可以DIY翻糖膏；也建议翻糖使用纯天然的食用色素；印花翻糖垫、软硅胶翻糖模、珍珠模、蕾丝模可以让很多菜鸟级新手都做出漂亮的翻糖蛋糕。

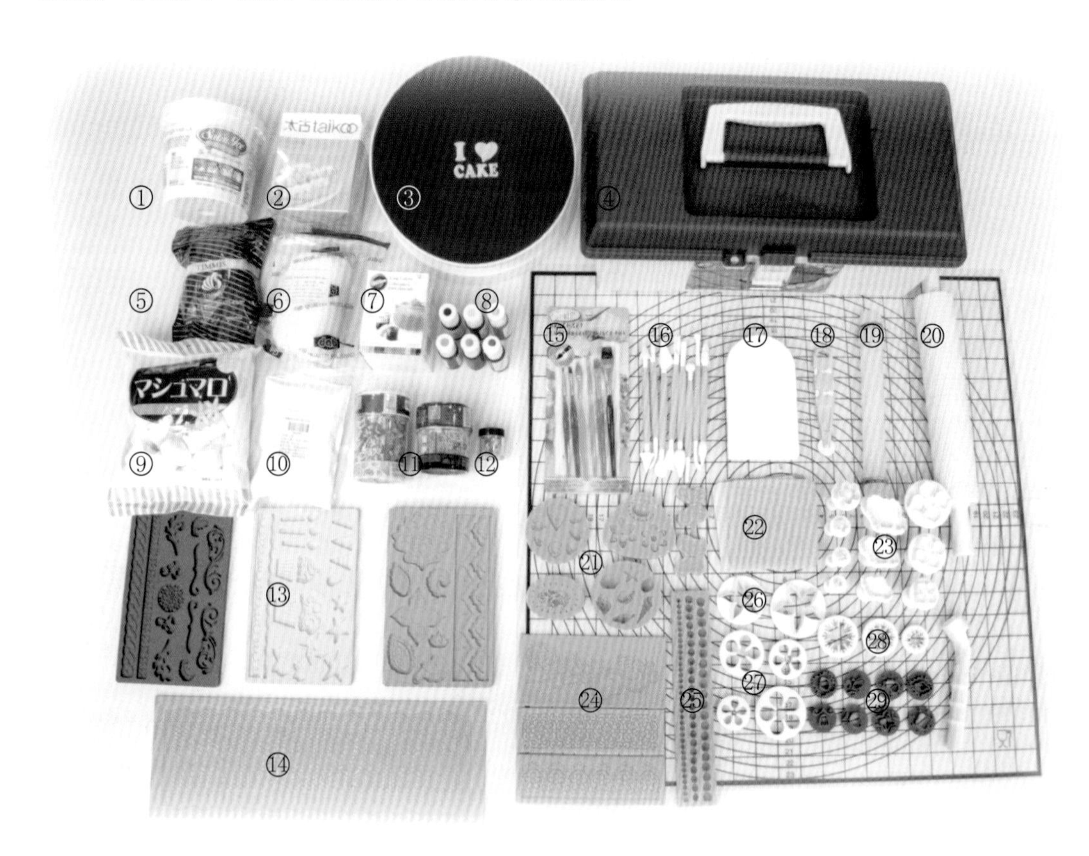

①翻糖膏　②特幼糖霜
③翻糖裱花台　④翻糖工具箱
⑤甘佩斯　⑥翻糖膏
⑦翻糖色素　⑧天然色素
⑨棉花糖　⑩蕾丝粉
⑪装饰彩珠糖　⑫金箔糖
⑬印花翻糖垫　⑭糖蕾丝模
⑮翻糖毛笔　⑯雕刻刀
⑰推平器　⑱印线滚轮
⑲擀面杖　⑳印花滚轮
㉑软硅胶翻糖模　㉒翻糖海绵垫
㉓弹簧翻糖模　㉔糖蕾丝模
㉕珍珠模　㉖花萼模
㉗玫瑰模　㉘康乃馨模
㉙花边模

烘焙基本模具

黑色蛋糕模是喷有不粘图层的，也叫不粘模。
银色是未经过不粘处理的蛋糕模，也叫铝合金阳极模。
一般戚风蛋糕建议使用铝合金阳极模；乳酪蛋糕使用不粘模。
烟囱戚风模在日本运用最广泛，因为中间有空轴，烘烤戚风蛋糕的时候，内部受热均匀，蛋糕更松软。

①圆形活底模　②心形活底模
③烟囱戚风模　④方形活底蛋糕模
⑤天使模　⑥咕咕咯夫模
⑦KITTY蛋糕模　⑧6连蛋糕模
⑨12连蛋糕模　⑩6连玛德琳模
⑪圆形慕斯圈　⑫心形慕斯圈
⑬方形慕斯圈　⑭圆形派盘
⑮长条挞盘　⑯雪芳模（水果条）
⑰车轮模　⑱足球模
⑲小蛋糕杯　⑳玛德琳模
㉑心形派盘　㉒草莓模
㉓心形小模　㉔乳酪模
㉕KITTY杯　㉖小KITTY模
㉗西洋杯

烘焙常用粉类

高筋面粉（制作面包、比萨等）和低筋面粉（制作蛋糕、饼干等）是烘焙最基础的面粉；
泡打粉在制作松饼类糕点时必备，但必须选择无铝的；
塔塔粉能帮助蛋清打发，让蛋糕气孔更均匀和稳定，也可以用柠檬汁或白醋代替；
吉士粉在制作葡挞和班戟皮时对成品口感起着决定性作用。

①高筋面粉 ②低筋面粉 ③生粉 ④可可粉 ⑤高筋面粉 ⑥低筋面粉
⑦抹茶粉 ⑧抹茶粉 ⑨可可粉 ⑩酵母粉 ⑪酵母粉 ⑫吉士粉
⑬小苏打 ⑭可可粉 ⑭防潮可可粉 ⑯无铝泡打粉 ⑰防潮糖粉
⑱塔塔粉

烘焙常用乳制品

奶油芝士是制作芝士蛋糕最基础的材料；
室温储存的淡奶油通常不易打发。

①全脂奶粉 ②奶油芝士 ③车达芝士 ④小支淡奶油 ⑤大支淡奶油 ⑥椰浆 ⑦帕玛斯芝士粉
⑧马斯卡彭芝士 ⑨奶油芝士抹酱 ⑩无盐黄油 ⑪无盐黄油 ⑫椰浆 ⑬马斯卡彭芝士 ⑭奶油芝士 ⑮无盐黄油 ⑯有盐黄油 ⑰无盐黄油 ⑱淡奶油（室温储存） ⑲无盐黄油卷 ⑳无盐黄油卷

烘焙常用糖类、巧克力类

糖霜其实就是糖粉，特幼糖霜多用于翻糖制作；

木糖醇用于为高血糖人士制作糕点，和普通砂糖一样用量；

烘焙用的巧克力都建议使用可可脂的，避免买到代可可脂（人工合成，非天然）产品；

水饴用于水果软糖、牛轧糖、手工巧克力和某些糕点的特殊配方。

用彩色巧克力装饰时，要选择天然色素和可可脂制作的彩色巧克力。

①水饴 ②特幼糖霜 ③糖霜 ④木糖醇 ⑤可可粉 ⑥蜂蜜 ⑦糖粉 ⑧特细糖粉 ⑨细砂糖 ⑩红糖 ⑪草莓巧克力酱 ⑫黑巧克力酱 ⑬装饰彩珠糖 ⑭糖浆 ⑮糖桂花 ⑯可可粉 ⑰黑巧克力豆 ⑱天然彩色巧克力 ⑲黑巧克力 ⑳耐高温巧克力

烘焙常用果汁、香精和酒类

①香草精油 ②杏仁精油 ③香草精油 ④榴莲+班兰色香油 ⑤纯天然色素+色香油 ⑥柠檬汁 ⑦柠檬汁 ⑧柠檬汁 ⑨红朗姆酒 ⑩白朗姆酒 ⑪椰子酒 ⑫咖啡酒 ⑬君度酒

其他烘焙食材

色拉油通常可以用调和油代替；

吉利丁片和鱼胶粉（吉利丁粉）是一样的食材，可以相互代替；

奥利奥饼干和消化饼在烘焙中通常用作芝士蛋糕的饼底；

防潮糖粉和防潮可可粉通常用于需要在表面筛一层糖霜和可可粉的糕点装饰。

①蓝莓干 ②杏仁粉 ③杏仁片 ④椰蓉 ⑤草莓果酱 ⑥蓝莓果酱 ⑦啫喱粉 ⑧色拉油 ⑨手指饼 ⑩消化饼 ⑪枫糖浆 ⑫枫糖浆 ⑬淡奶 ⑭罐头黄桃 ⑮栗子蓉 ⑯炼奶 ⑰奥利奥饼干 ⑱吉利丁片 ⑲红豆沙 ⑳蜜红豆 ㉑果酱 ㉒香草荚 ㉓蔓越莓干 ㉔防潮糖粉 ㉕防潮可可粉 ㉖海苔粉

烘焙注意事项

01 打发蛋白霜时，所需的容器一定是干燥的，蛋清中不可以有蛋黄或其他杂质，否则蛋白霜无法打发。

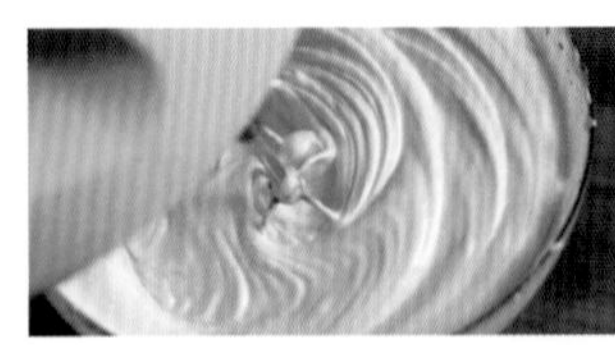

02 打发鸡蛋时，需隔热水把全蛋液加热到40℃左右，再移开热水进行打发，如果一直在热水上打发，筛入面粉时很容易消泡。

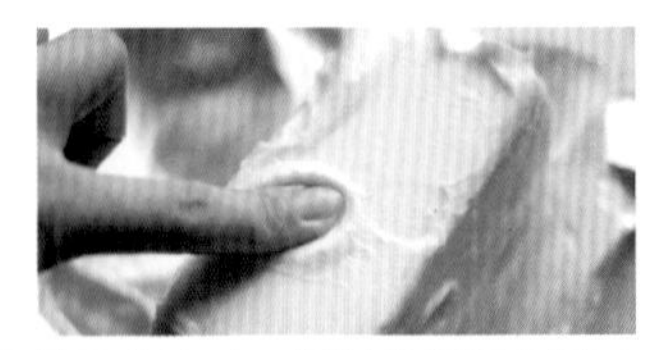

03 使用黄油时，需提前放到室温下软化，在上面可以轻松压出手印即可。

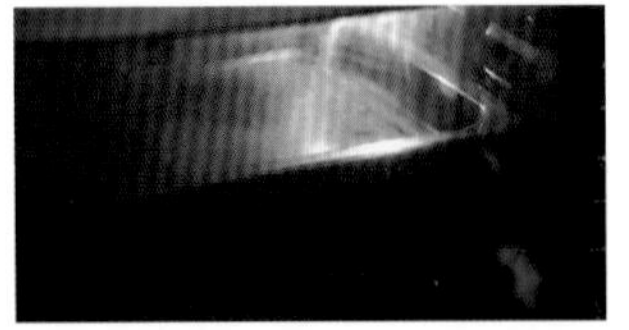

04 烘焙糕点时，需提前10分钟预热烤箱至所需的温度。

05 烘焙曲奇等点心时，底部如果先上色，需降低下管温度，或把烤盘移高一层，留意表面不要烤糊。

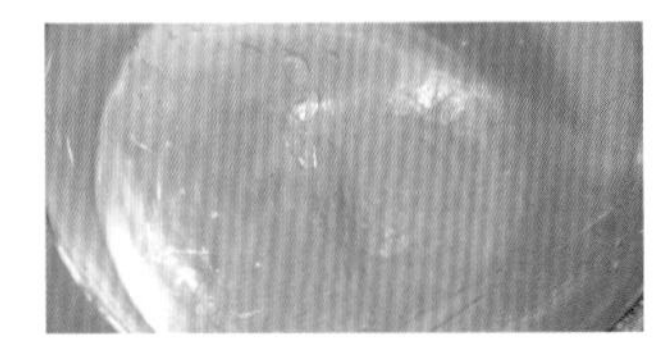

06 软化的吉利丁若用常温水泡发，很容易融化在水里，所以吉利丁应该用冰水泡发。

包馅的方法（Summer 老师示范）

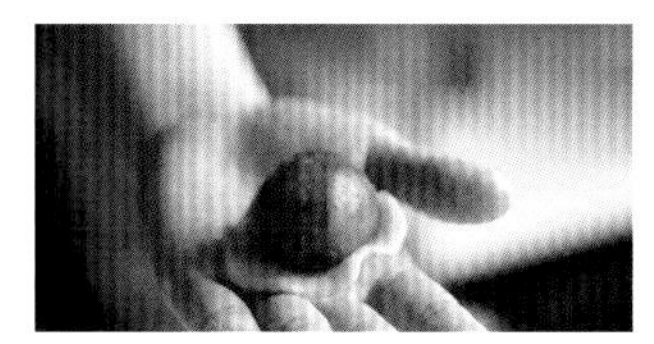

01 手托住皮和馅；

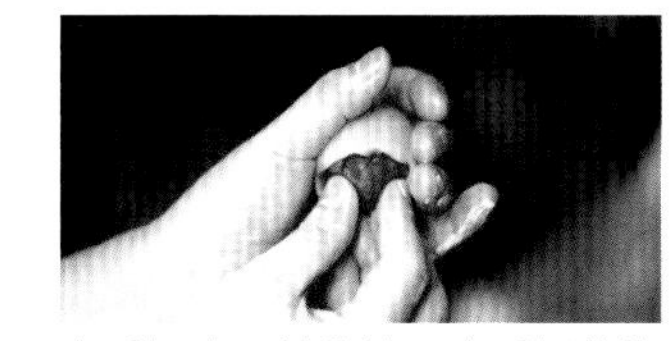

02 左手把皮覆盖住馅，右手托住馅往皮里塞；

03 换左手托住馅，右手握住皮轻轻往上推；

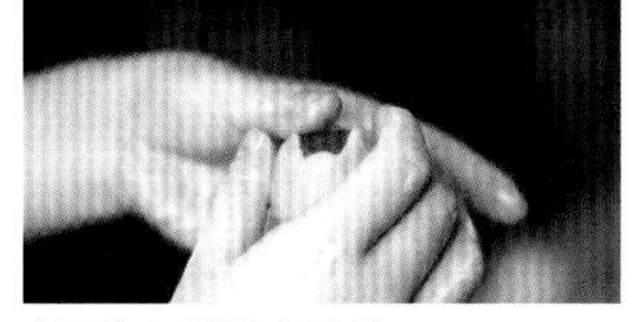

04 直至馅几乎被皮覆盖；

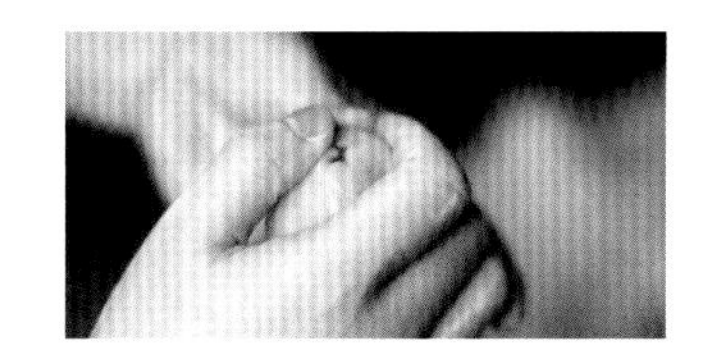

05 最后用拇指慢慢推动周边的皮封住馅；

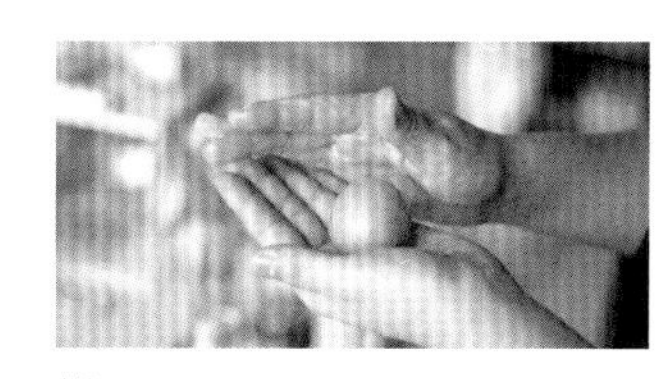

06 搓圆即可。

打发蛋白霜

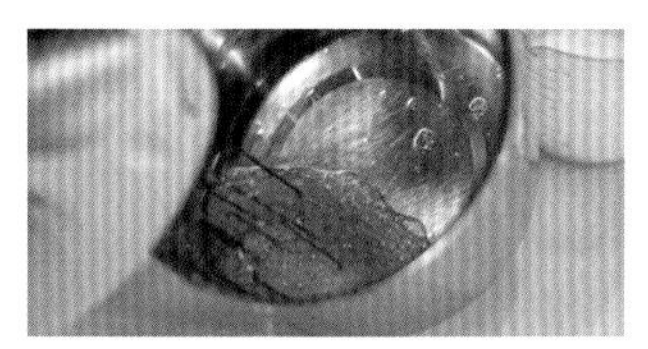

01 干燥容器加入低温蛋清（可挤入几滴柠檬汁），用电动打蛋器打发；

02 打发出鱼眼泡时，分3次加入细砂糖，打发充分再加下一次（一次性加入细砂糖也可，但打发的蛋白霜稳定性稍差）；

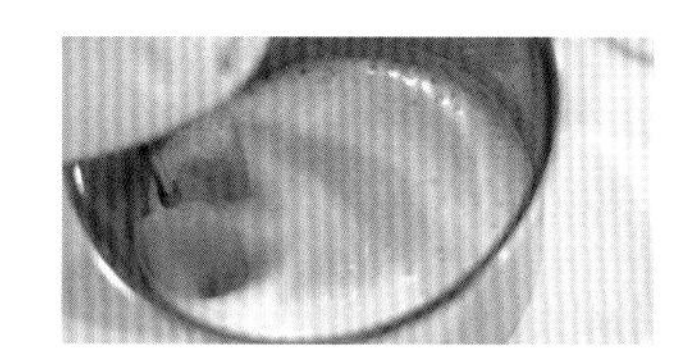

03 高速打发蛋清数分钟；

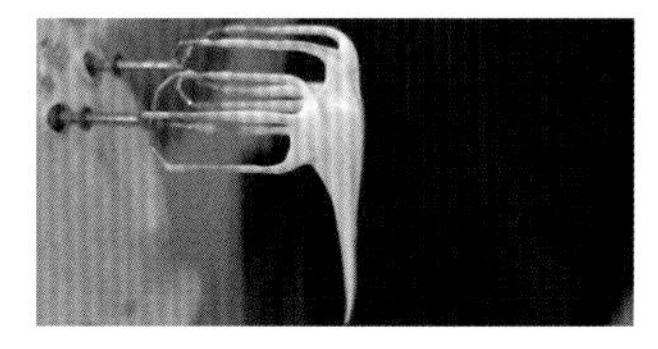

04 打蛋头提起，蛋白霜还会往下垂，大概是5~6成发，适用于某些蛋糕卷；

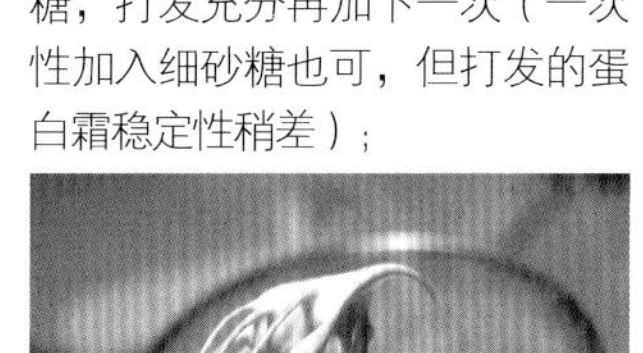

05 打发到提起打蛋头呈稍弯曲状，已达到8成发，也叫湿性发泡，适用于大部分的糕点制作；

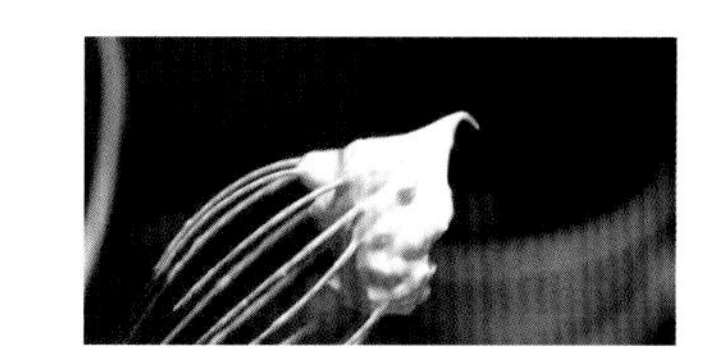

06 继续打发蛋白霜，提起打蛋头，上面的蛋白霜支撑力很强，不会下垂和弯曲，即达到9成发以上，也称为硬性发泡，适用于戚风蛋糕等。

翻拌的手法

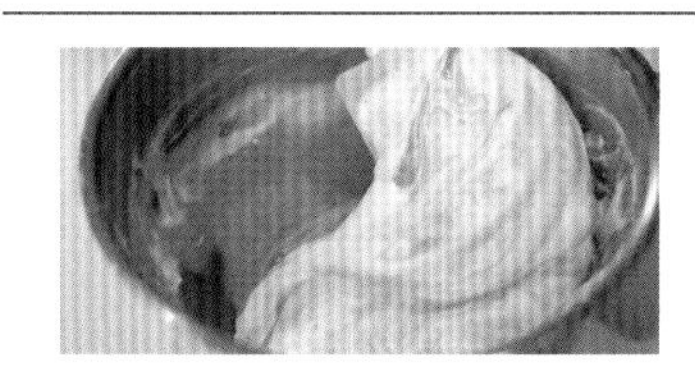

01 刮刀从容器底部捞起蛋糕糊；

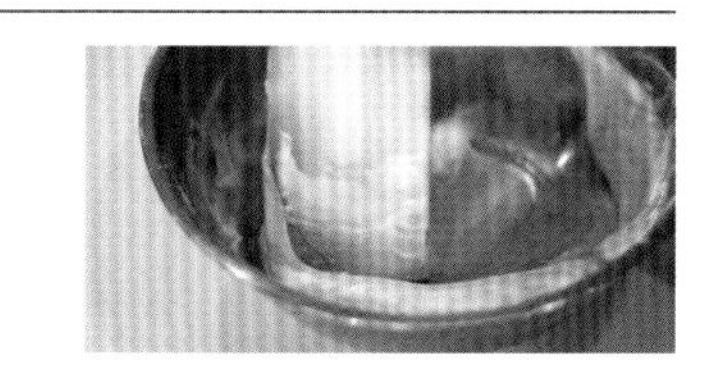

02 沿着容器边刮动蛋糕糊翻压回来；

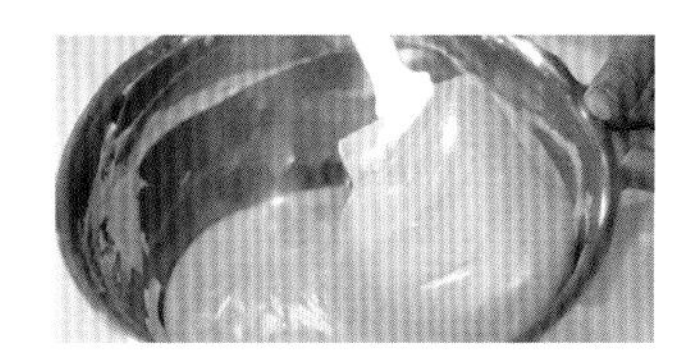

03 再从容器底部捞起；

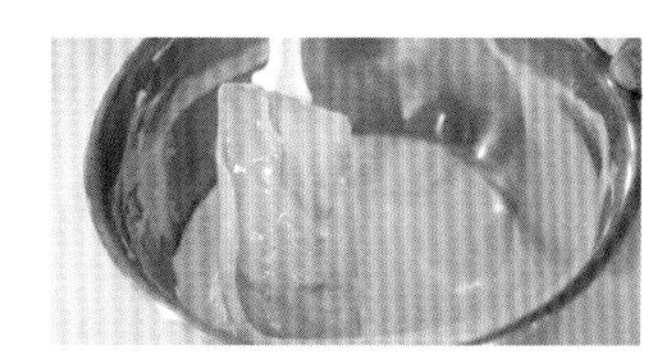

04 继续翻动压回来即可。

卡仕达酱的做法

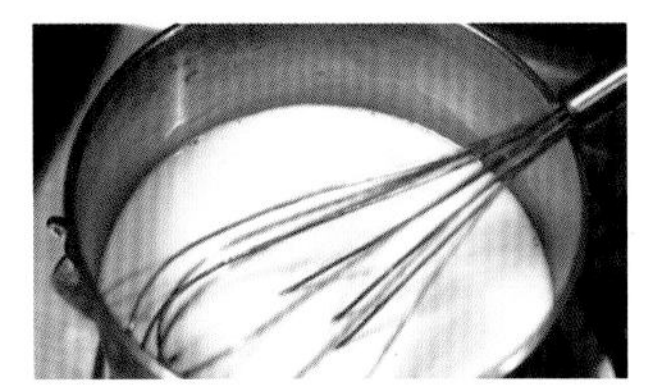

01 鲜奶加热至即将沸腾关火；

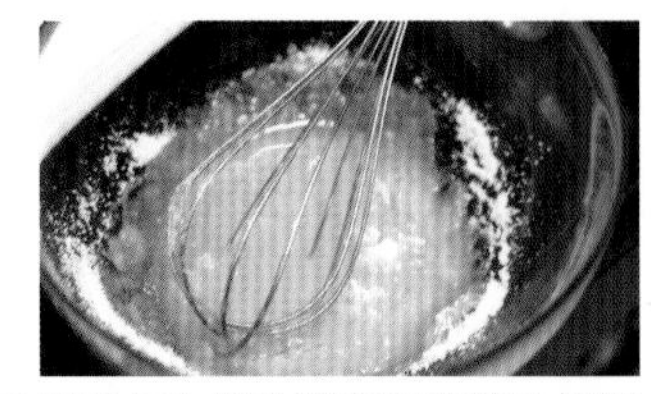

02 蛋黄加入细砂糖和香草精油搅拌均匀；

03 加入过筛的低筋面粉；搅拌至光滑无颗粒；

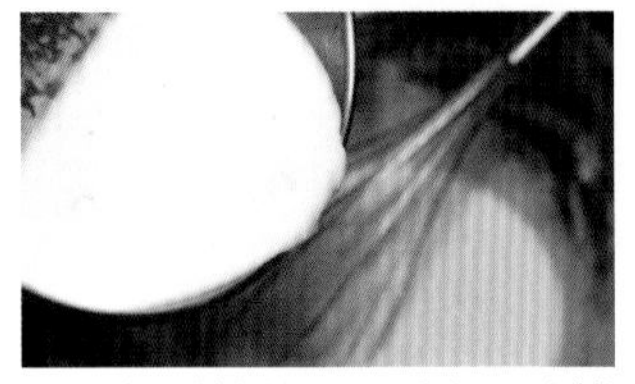

04 加入烧热的鲜奶，一边加一遍搅拌；

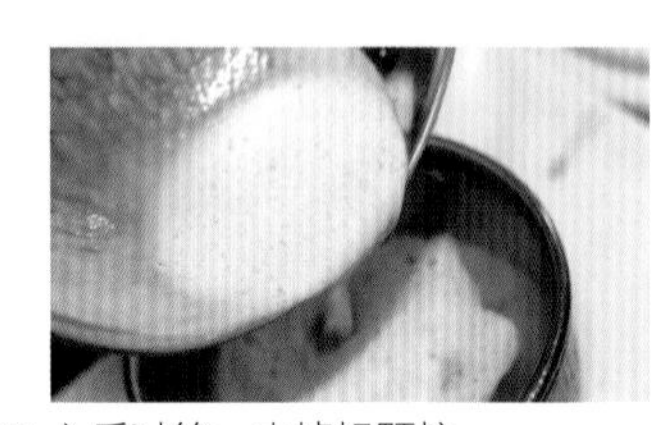

05 之后过筛，去掉粗颗粒；

06 过滤的蛋奶糊中小火加热；

07 一边加热一边搅拌，避免糊底；

08 加热至很浓稠，调最小火搅拌1分钟后关火即可；用搅拌器能拔起光亮丝绸状的糊，才是最好状态；

09 做好的卡仕达酱马上隔着冷水降温，之后放入冰箱冷藏，可保鲜2天。

桑葚果酱的做法

01 砂糖和洗净的桑葚按照1:4的比例中火加热；

02 慢慢地会有汁水煮出来；

03 用勺子压烂桑葚，沸腾后调小火继续加热；

04 再煮10分钟左右，煮掉大量水分，还剩下少量果汁即可关火；冷却后密封冷藏可食用1个月，冷冻可食用半年。

卡仕达酱的材料

鲜奶	250克
糖粉	75克
低筋面粉	25克
蛋黄	3个
香草精油	2~3滴

蛋糕类

红曲戚风蛋糕

难易度	★★☆☆☆
准备时间	10分钟
烘焙参数	165℃ 40分钟
模具	6寸中空蛋糕模

材料

鸡蛋	2个	色拉油	22克
鲜奶	23克	细砂糖	30克
低筋面粉	38克	红曲粉	1/4茶匙

温馨贴士

所有翻拌的步骤尽量控制在30秒左右完成，以减少面粉出筋，蛋糕会更蓬松。

戚风蛋糕常见做法是先将蛋黄、色拉油和鲜奶打发乳化，再筛入低筋面粉翻拌成蛋黄糊。但这样容易起球，低筋面粉搅拌过度会起筋，影响了蛋糕蓬松度。配方增加15克鲜奶、减少8克低筋面粉，步骤3完成后，放在火上加热搅拌成糊，再继续后面的步骤即成烫面戚风，口感更细嫩。

红曲是一种纯天然、安全性高、有益于人体健康的食品，有活血化瘀、健脾暖胃消食等功效，老少皆宜。

制作过程（配有视频）

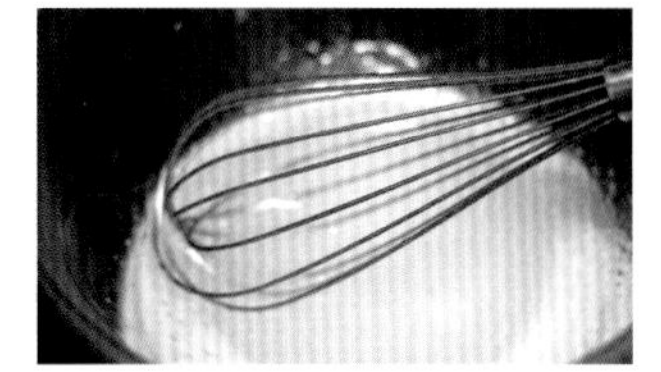

01 鲜奶与色拉油倒入容器搅拌呈乳白色；

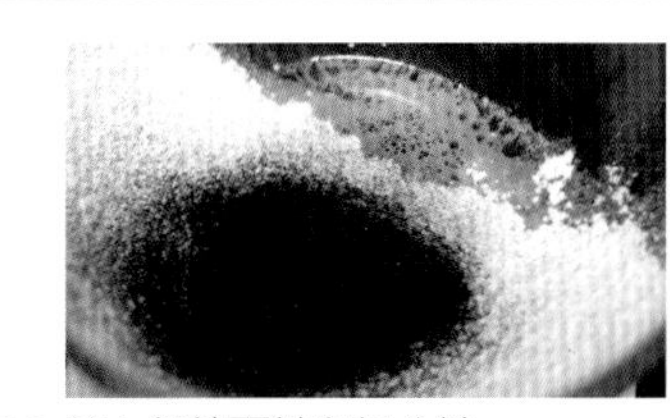

02 筛入低筋面粉和红曲粉；

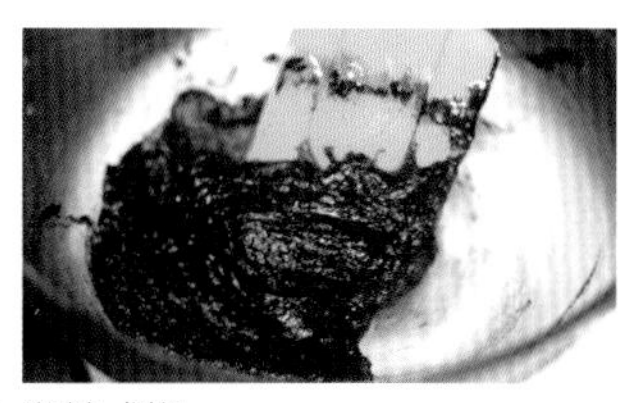

03 翻拌成糊；

04 再加入蛋黄，翻拌成蛋黄糊；

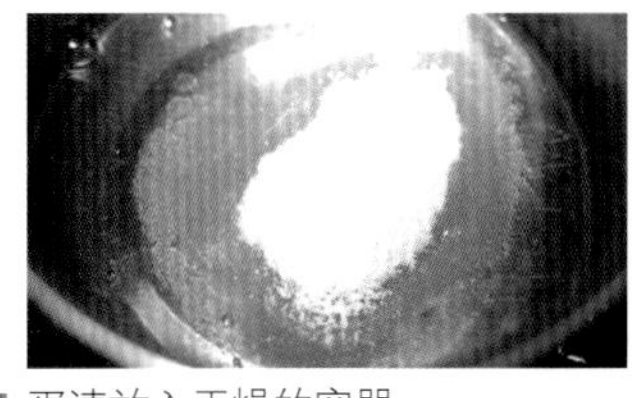

05 蛋清放入干燥的容器；

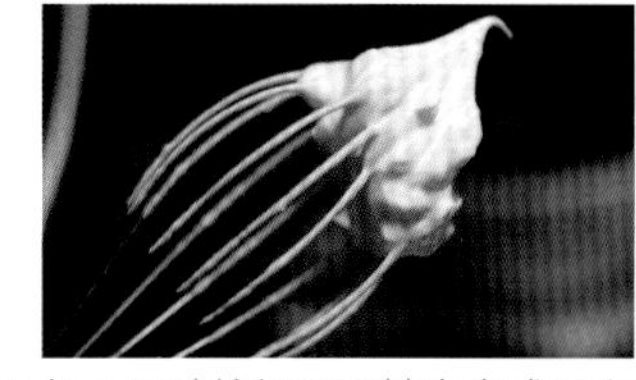

06 加入细砂糖打至硬性发泡成蛋白霜（详见第011页）；

07 取1/3的蛋白霜加入蛋黄糊中拌匀，再把剩下的蛋白霜全部加入，翻拌成戚风蛋糕糊；

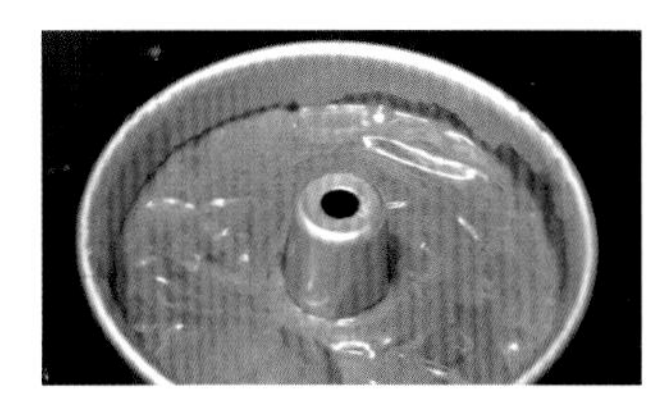

08 把蛋糕糊装入模，震出里面的气体；

09 放入165℃预热好的烤箱倒数第二层，上下火同温烘焙40分钟；

10 出炉后马上悬空摔至桌面，震数下再悬空倒扣，冷却后脱模即可。

举一反三

香草戚风蛋糕

在步骤01中，加入数滴香草精油或少量香草籽，其他同（见视频）。

桑葚果酱戚风蛋糕

在步骤01中，用40克桑葚果酱（详见第012页）取代鲜奶，与色拉油混合，其他同。

红曲蛋糕卷

本戚风蛋糕的材料全部翻倍，制作到步骤06时，倒入28厘米×32厘米垫有油纸的烤盘，175℃烤20分钟，出炉倒扣放凉，抹上淡奶油即可。

轻乳酪蛋糕

温馨贴士

若没有搅拌器，可用隔热水融化的方式搅拌融化奶油芝士；如果喜欢传统的轻乳酪芝士蛋糕的颜色，烘焙延长10分钟左右烤上色。

难易度	★★☆☆☆
准备时间	20分钟
烘焙参数	160℃ 55分钟
模具	6寸活底蛋糕模

或乳酪蛋糕条

材料

奶油芝士	125克	鸡蛋	2个
淡奶油	50克	酸奶	75克
低筋面粉	30克	细砂糖	50克

制作过程

01 奶油芝士全部切成小丁；

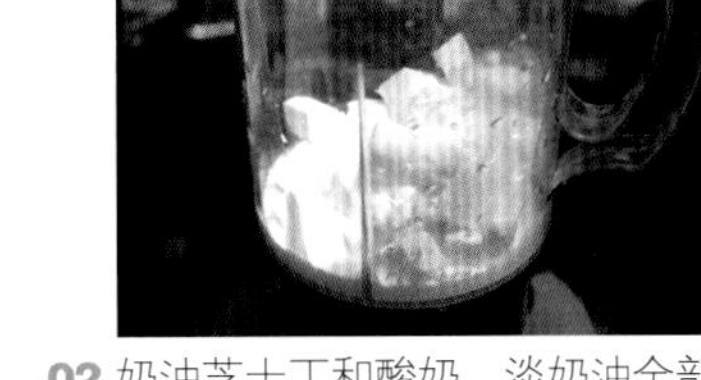

02 奶油芝士丁和酸奶、淡奶油全部放入搅拌器中，搅拌至芝士融化（也可隔热水融化）成芝士糊；

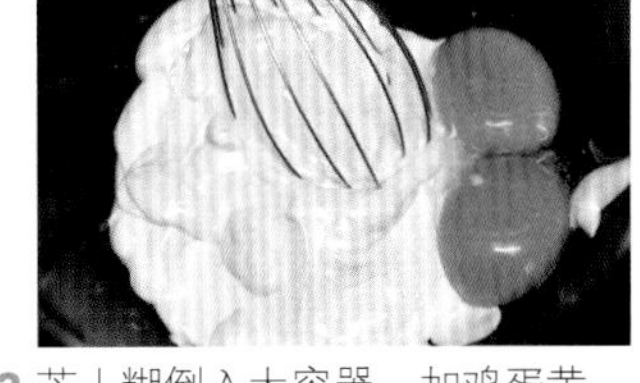

03 芝士糊倒入大容器，加鸡蛋黄，混合均匀；

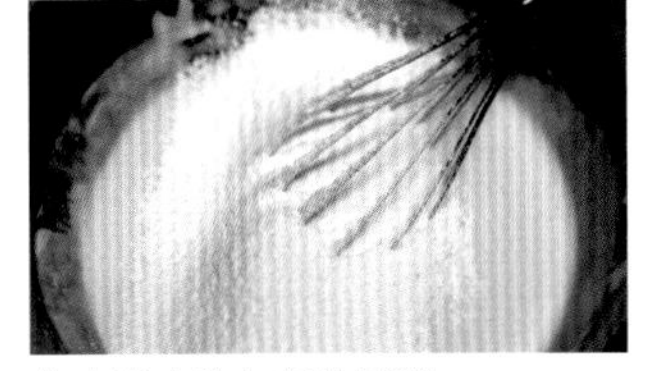

04 芝士糊中筛入低筋面粉；

05 轻轻搅拌成光滑无颗粒的芝士面糊，静置待用；

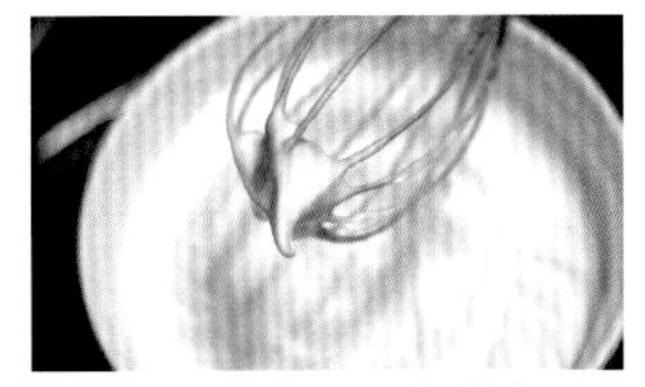

06 蛋清和细砂糖放入干燥的容器，打至9成发的蛋白霜（详见第011页）；

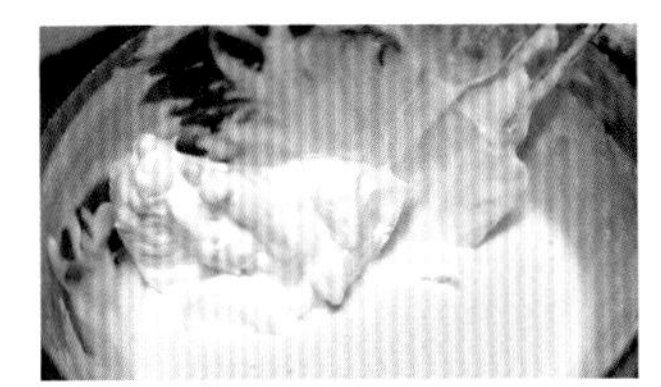

07 取1/3的蛋白霜与芝士面糊翻拌均匀；

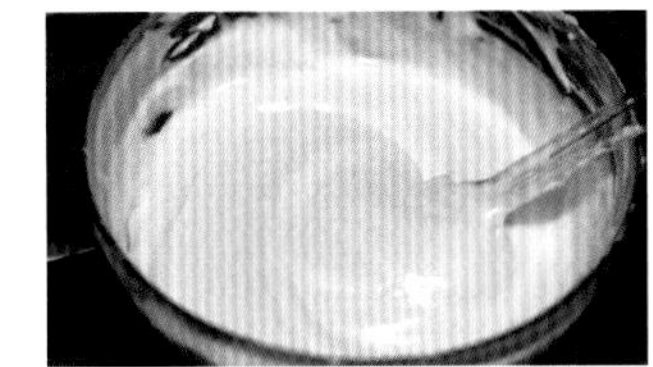

08 再把剩下的蛋白霜倒入，轻轻翻拌均匀；

09 蛋糕模内部均匀涂抹薄薄一层黄油（若是活底蛋糕模，需用锡纸在外部包密实，避免水浴时漏水）；

10 芝士面糊倒入蛋糕模中，放进烤盘，盘内加入1~2厘米厚度的清水，水浴烘焙；

11 烤盘放入160℃预热好的烤箱中层，上下火同温烘焙55分钟，出炉后趁热脱模即可。

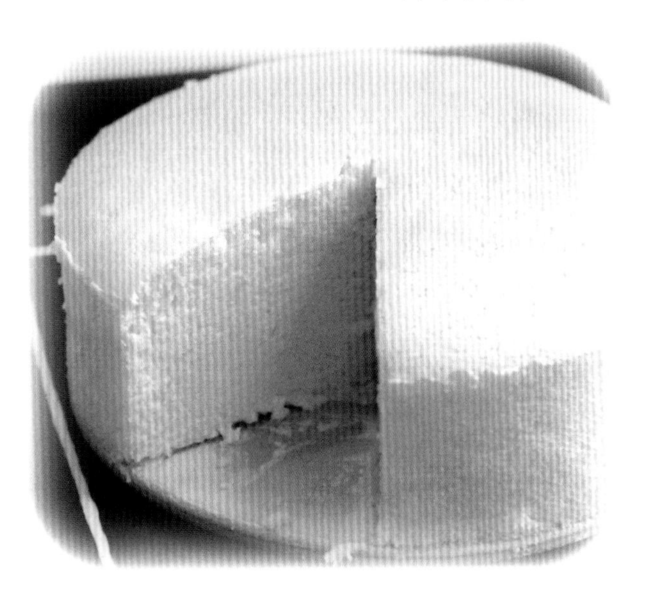

材料

梳乎厘蛋糕

难易度 ★★★☆☆

准备时间 30分钟

烘焙参数 190℃ 20分钟

模具 梳乎厘瓷杯6个

材料			
低筋面粉	10克	细砂糖	40克
蛋清	3个	蛋黄	2个
无盐黄油	20克	鲜奶	180克

制作过程

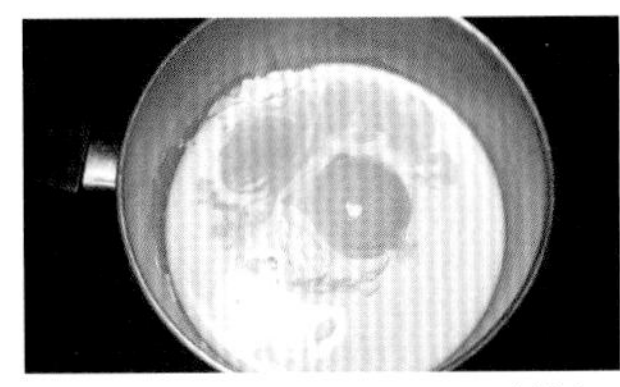

01 鲜奶、蛋黄、20克细砂糖、面粉倒入小奶锅中拌匀，小火熬成蛋黄糊，关火后趁热加入黄油混合均匀；

02 蛋黄糊过筛成光滑无颗粒状，冷却待用；

03 20克细砂糖和蛋清装入干燥的打蛋盆里，打至8成发（详见第011页）的蛋白霜；

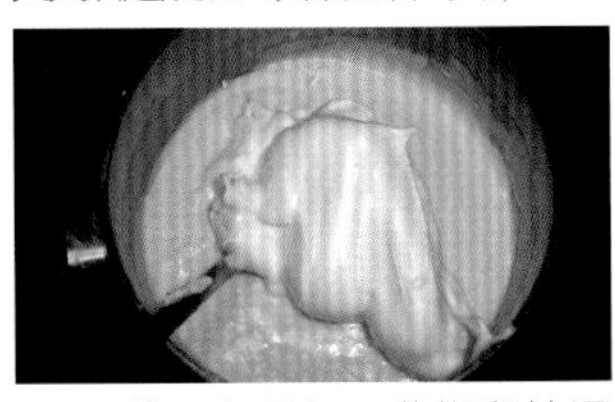

04 取1/3的蛋白霜与蛋黄糊翻拌混合；

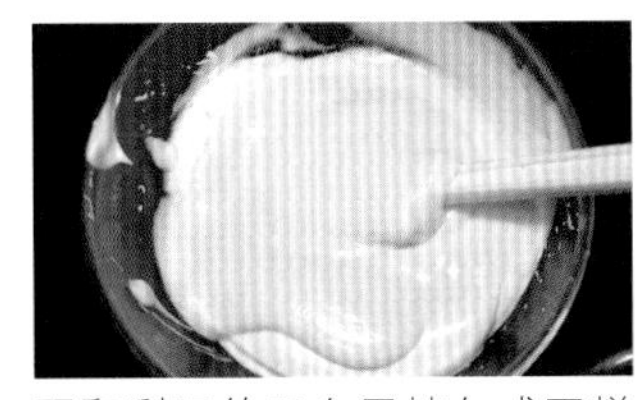

05 再和剩下的蛋白霜拌匀成蛋糕糊；

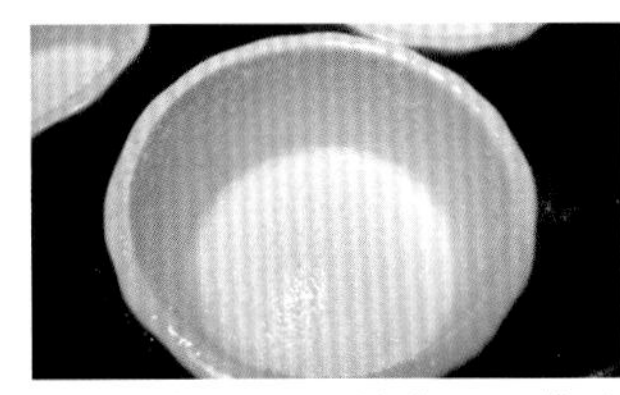

06 梳乎厘杯壁刷上薄薄一层黄油（额外），再均匀洒上细砂糖（额外）；

07 杯中倒入蛋糕糊至9成满，放入190℃预热好的烤箱中层，上下火同温烤20分钟；

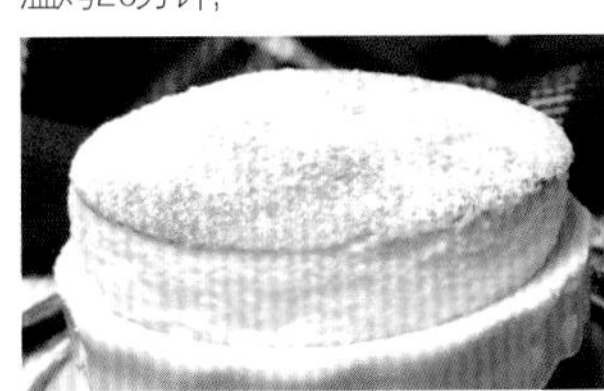

08 出炉后马上筛上糖霜（额外）即可。

材料

温馨贴士

梳乎厘蛋糕出炉后5分钟内就开始塌陷，要尽快筛上糖霜并食用。

枣泥磅蛋糕

温馨贴士

步骤06打发鸡蛋时，需要移开热水浴，避免鸡蛋霜温度过高，拌入面粉时消泡严重。

难易度	★★☆☆☆
准备时间	30分钟
烘焙参数	160℃ 50分钟
模具	5号雪芳模

材料				
	低筋面粉	100克	鸡蛋	3个
	色拉油	90克	细砂糖	25克
	红糖	25克	大枣	150克
	小苏打	1/2茶匙		

制作过程

01 大枣洗净后，放入微波炉高火加热5分钟至变软；

02 去掉枣核；

03 红枣、红糖、色拉油全部倒入搅拌机中；

04 搅拌成重油枣泥；

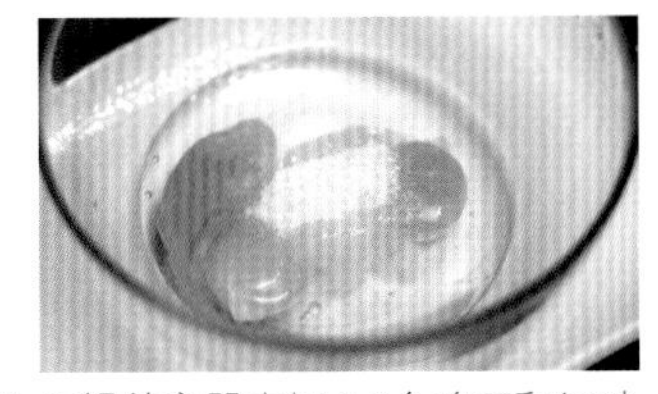

05 干燥的容器中打入3个鸡蛋和细砂糖，隔热水加热至约40℃移开水浴；

06 用电动打蛋器高速打发全蛋，约需4分钟；

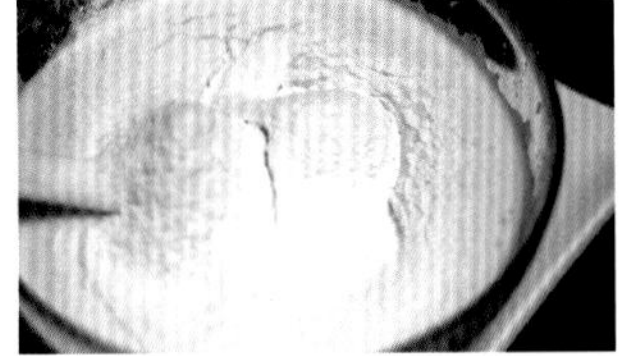

07 筛入低筋面粉和小苏打，缓缓翻拌、切拌均匀；

08 加入枣泥；

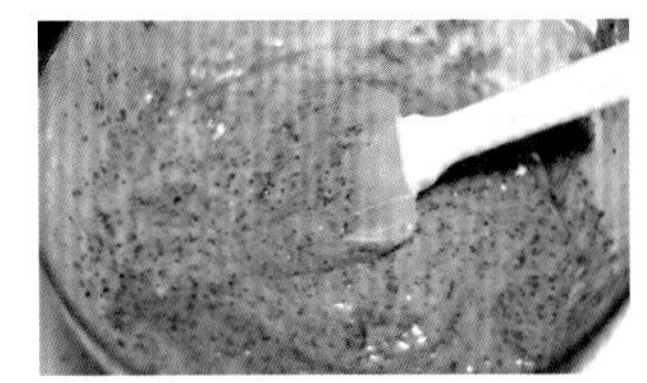

09 继续轻轻搅拌均匀成蛋糕糊；

10 模具中铺上油纸；

11 蛋糕糊慢慢倒入（表面可撒上一些碎核桃仁）；

12 放入160℃预热好的烤箱中层，烘焙50分钟；

13 出炉脱模后可在表面筛上一些糖粉，切片食用。

材料

布朗尼蛋糕

难易度 ★★★☆☆

准备时间 20分钟

烘焙参数 160～180℃ 60分钟

模具 方形6寸活底蛋糕模

材料

蛋糕坯：	黑巧克力	200克	无盐黄油	90克
	细砂糖	70克	鲜奶	60克
	低筋面粉	80克	鸡蛋	4个
	可可粉	20克	盐	1/4茶匙
	核桃仁	80克		
巧克力奶油霜	无盐黄油	150克	糖粉	60克
	鲜奶	50克	黑巧克力	80克
	朗姆酒	5克		

温馨贴士

步骤11切忌奶油霜打发时间过长，否则容易导致油水分离，呈现豆腐渣状。步骤12如果不隔着温水打发，很容易油水分离。

制作过程

01 巧克力、黄油、细砂糖及鲜奶倒入容器中；

02 隔水加热搅拌至巧克力融化成巧克力糊后移开水浴，放至温热；

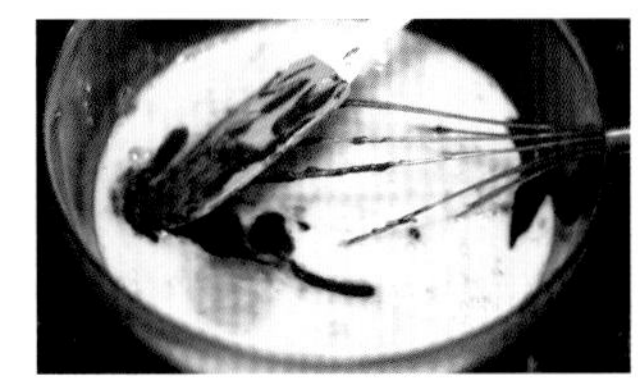

03 巧克力糊中加入鸡蛋液，搅拌均匀；

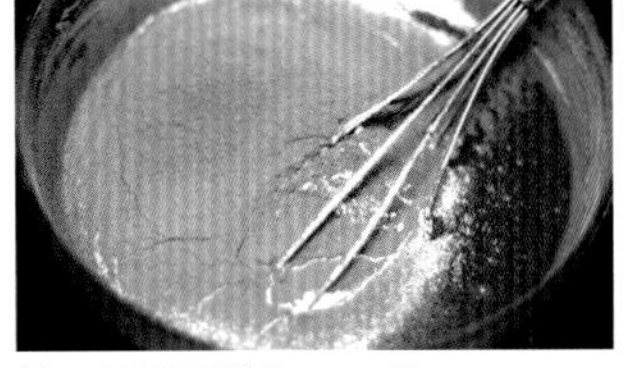

04 筛入低筋面粉和可可粉；

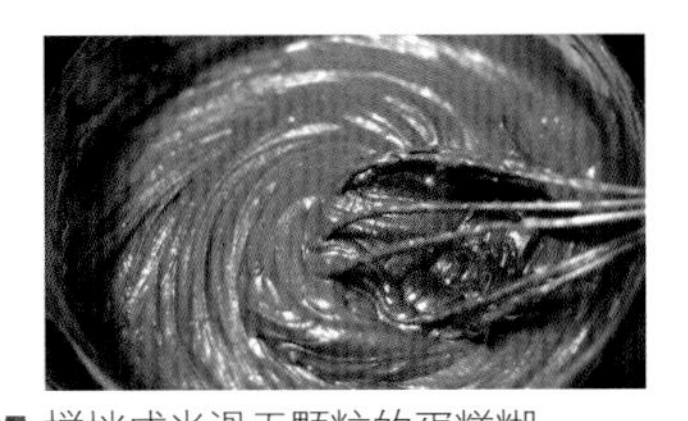

05 搅拌成光滑无颗粒的蛋糕糊；

06 核桃仁掰碎后加入蛋糕糊中；

07 轻轻搅拌均匀；

08 蛋糕糊装入方形模，放入180℃预热好的烤箱中层，烤20分钟后，降至160℃再烤40分钟即可；

09 80克黑巧克力装在容器中隔水加热至融化；

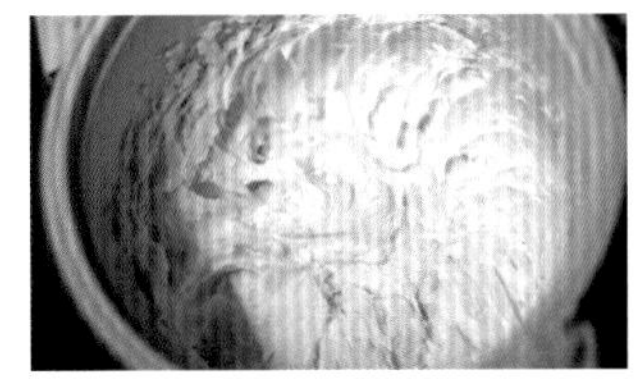

10 无盐黄油室温下软化后，加入糖粉打发至蓬松泛白；

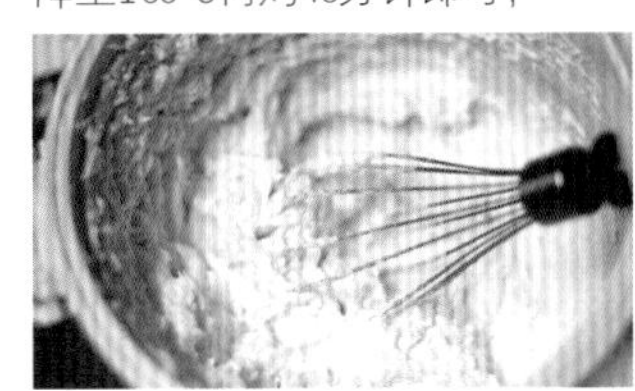

11 再加入鲜奶和朗姆酒继续打发成基础的奶油霜；

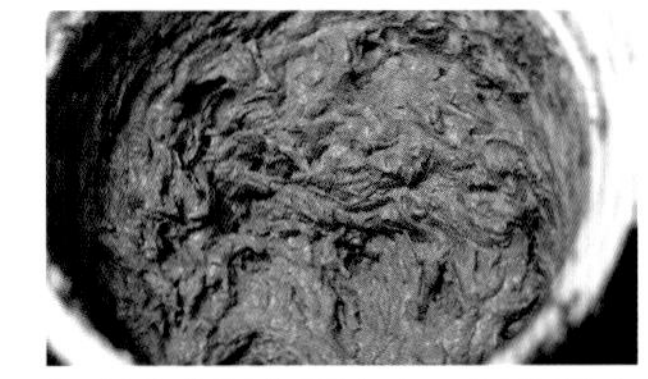

12 加入融化好的巧克力，隔着温水打发成光滑柔顺的巧克力奶油霜；

13 蛋糕出炉放凉后，切成三片；

14 每一层之间抹上巧克力奶油霜，叠起来；

15 表面抹上一层巧克力奶油霜，再用装入裱花袋的奶油霜在表面挤出条纹；

16 蛋糕四边切整齐即可（可用切碎的开心果仁点缀）。

布朗尼材料

巧克力奶油霜材料

玛德琳蛋糕

难易度	★★☆☆☆
准备时间	30分钟
烘焙参数	170~190℃ 13分钟
模具	6连玛德琳模

材料

材料	用量	材料	用量
黄油	100克	细砂糖	70克
蜂蜜	10克	鸡蛋	85克
低筋面粉	75克	泡打粉	1/2茶匙
香草精油	1/4茶匙		

温馨贴士

玛德琳蛋糕糊冷藏的时间越长（可以冷藏半天以上），烤的时候"肚子"鼓得越高。

制作过程

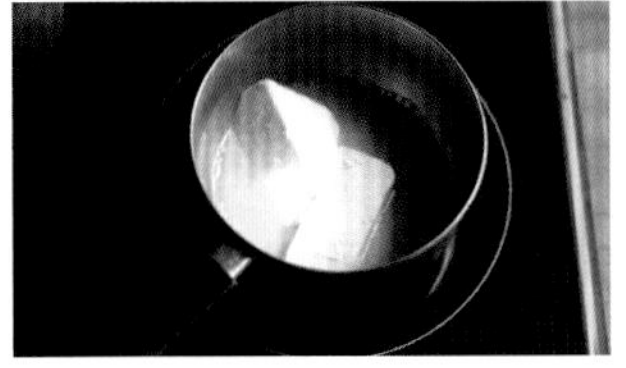

01 黄油用小火加热融化；

02 直至变成澄清的液态、底部有黑色沉淀析出，关火放一边静置；

03 鸡蛋液打散，加入细砂糖和糖浆混匀；

04 加入香草精油混合；

05 加入过筛的低筋面粉和泡打粉，混合成光滑的面糊；

06 再加入步骤02澄清的黄油，混合均匀成蛋糕糊；

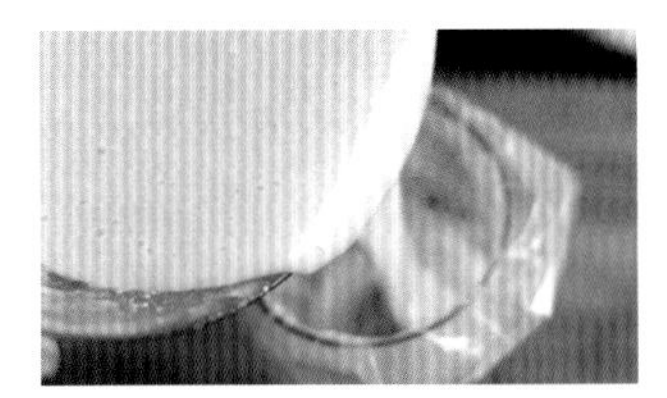

07 蛋糕糊装入裱花袋中，冷藏2小时；

08 玛德琳模刷上薄薄一层黄油，冷冻10分钟后取出，撒上一层面粉（额外）防粘，拍干待用；

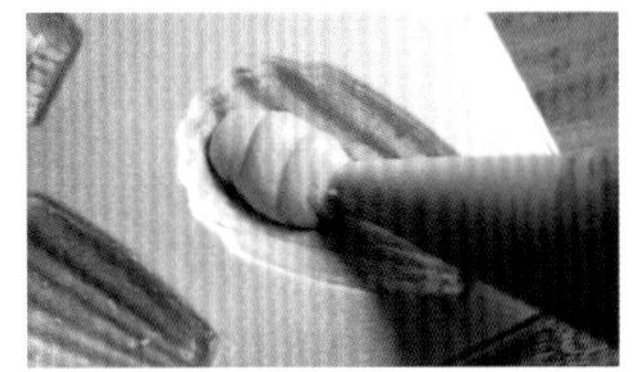

09 取出冷藏好的蛋糕糊，裱花袋尖端剪一个口，挤入玛德琳模中约8成满；

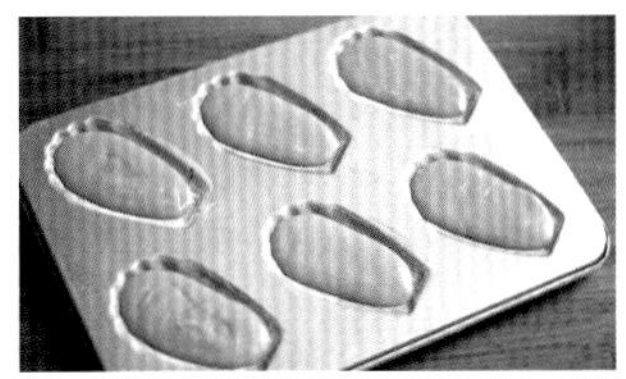

10 挤好后敲一敲模，让蛋糕糊均匀摊开；

11 放入190℃预热好的烤箱中层，烘焙8分钟，可看到蛋糕中心凹陷的明显变化；

12 约8分钟，蛋糕的“肚子”鼓胀起来，烤箱温度降至170℃，继续烘焙约5分钟即可。

13 出炉后趁热把蛋糕模翻过来，很轻松就脱模了。

材料

经典巧克力蛋糕

温馨贴士

巧克力蛋糕配上卡仕达酱食用会更美味，卡仕达酱的制作见第012页。

难易度	★★☆☆☆
准备时间	20分钟
烘焙参数	160℃ 40分钟
模具	6寸活底蛋糕模

材料

黑巧克力	120克	无盐黄油	60克
淡奶油	50克	低筋面粉	20克
可可粉	30克	蛋黄	3个
蛋清	3个	细砂糖	40克

制作过程

01 巧克力与黄油装入容器里，隔热水加热，融化后移开水浴；

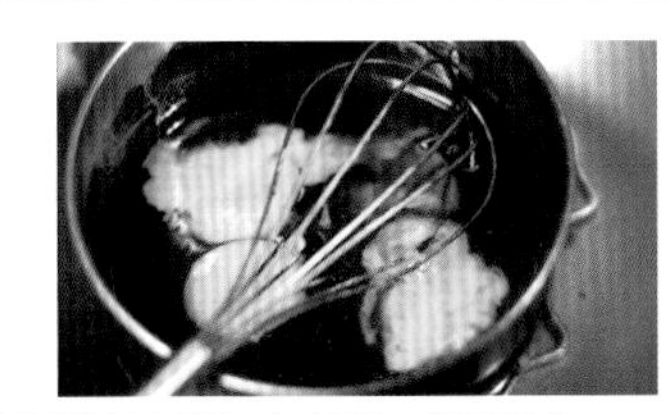
02 巧克力酱加入蛋黄，搅拌均匀；

03 再加入淡奶油混合顺滑；

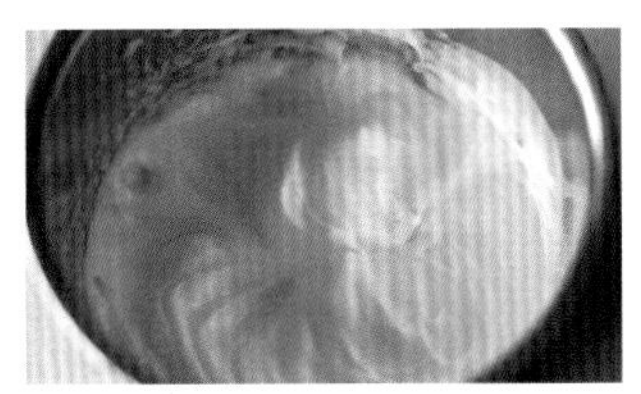
04 干燥容器加入蛋清和细砂糖，打发至硬性发泡成蛋白霜；

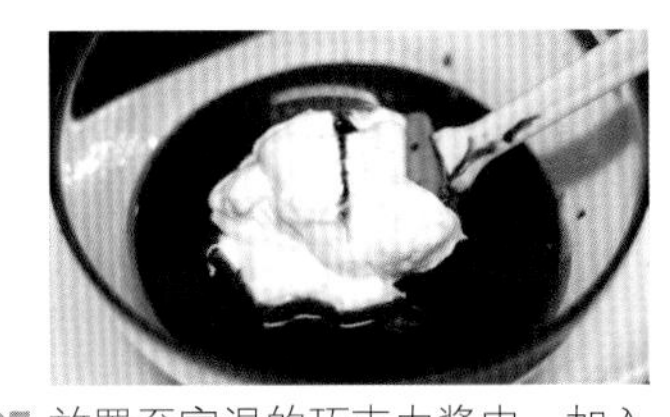
05 放置至室温的巧克力酱中，加入1/3的蛋白霜，翻拌均匀；

06 筛入可可粉和低筋面粉；

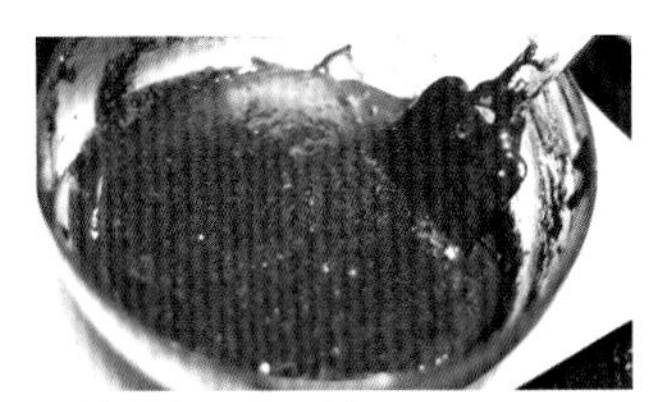
07 翻拌至顺滑无颗粒；

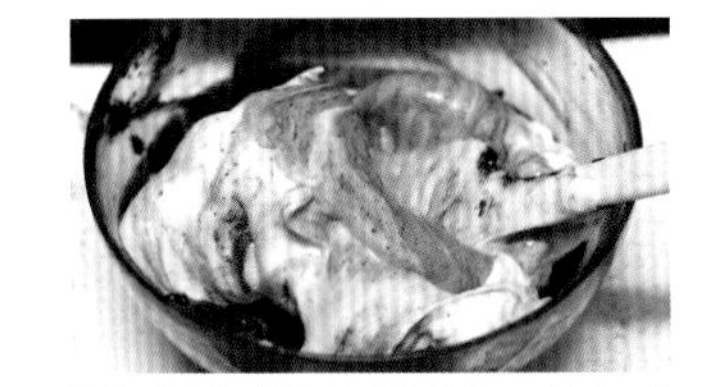
08 再把剩余的蛋白霜倒入，拌匀成蛋糕糊；

09 蛋糕模底部和周围都垫上油纸；

10 蛋糕糊全部倒入模中，震出气泡后放入160℃预热好的烤箱中层，上下火烘焙40分钟；

11 蛋糕出炉后无需倒扣，趁热撕掉油纸，让其自然冷却，中间会慢慢凹下去，筛上糖粉即可。

材料

巧克力熔浆蛋糕

难易度 ★★☆☆☆

准备时间 20分钟

烘焙参数 160℃ 20分钟

模具 中号西洋杯5个

材料

黑巧克力	105克	淡奶油	60克
无盐黄油	45克	鸡蛋	2个
细砂糖	55克	高筋面粉	20克

制作过程

01 黑巧克力、淡奶油和10克无盐黄油隔水加热；

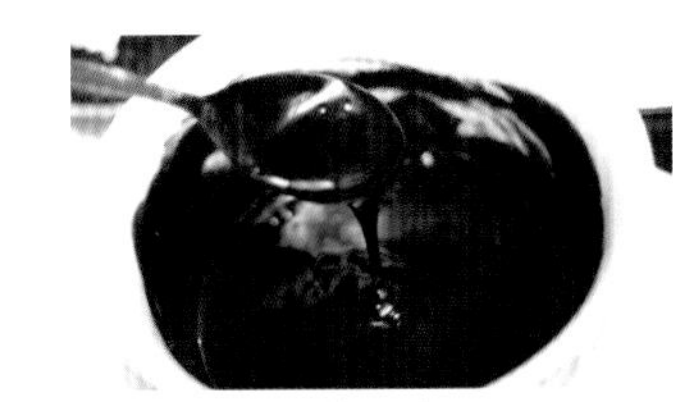

02 融化后放入冰箱冷藏凝固；

03 取125克步骤02凝固了的巧克力和余下的无盐黄油，隔热水融化；

04 另取一个容器放入鸡蛋和细砂糖，隔水加热至约40℃后移开；

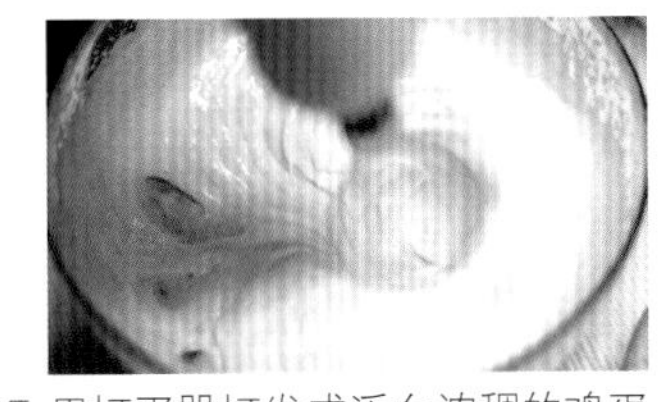

05 用打蛋器打发成泛白浓稠的鸡蛋糊；

06 用橡皮刮刀挑起鸡蛋糊，流淌下的蛋浆线条较粗即可；

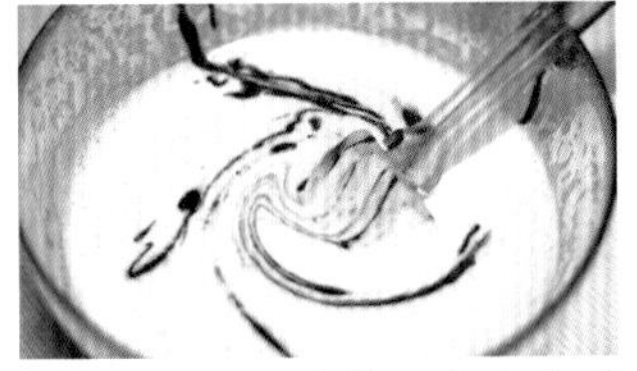

07 倒入步骤03温热的巧克力黄油酱，轻轻翻拌均匀；

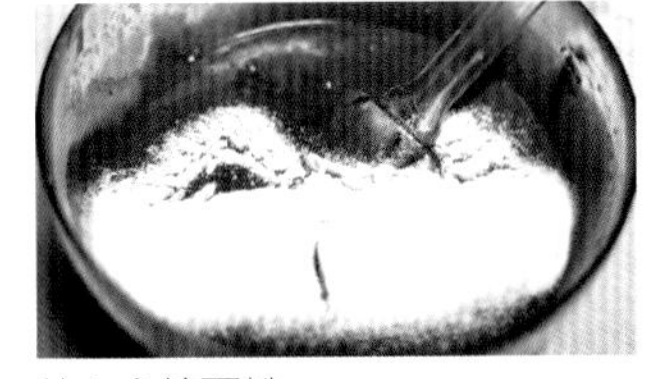

08 筛入高筋面粉；

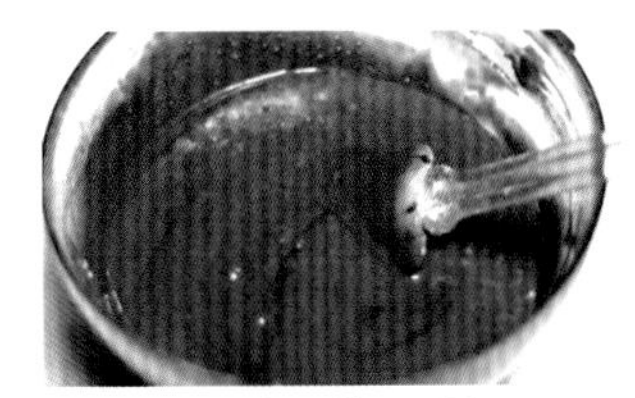

09 翻拌成均匀光滑的蛋糕糊；

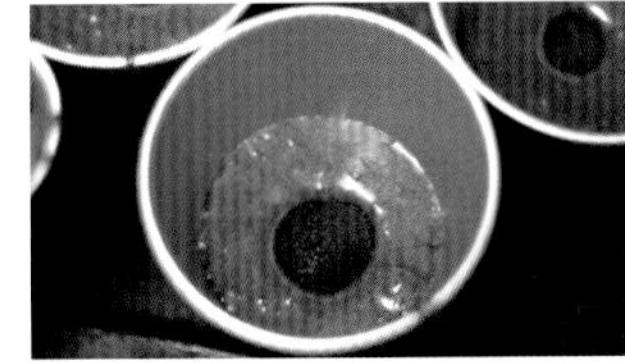

10 装入5个刷了黄油的西洋杯中至5成满，取出剩下的凝固巧克力，均分成5份，搓圆压扁后装入杯中；

11 再浇入蛋糕糊至7分满，放入160℃预热好的烤箱中层，烘焙20分钟出炉，趁热倒扣在盘里，移开西洋杯即可。

材料

温馨贴士

趁热吃时蛋糕夹心是流淌的巧克力酱，冷藏后食用夹心会凝固，另有一番风味。

心太软流心巧克力蛋糕和这款蛋糕一样，都能淌出巧克力酱，区别是：心太软流出的巧克力酱是未熟透的蛋糕糊。

难易度	★☆☆☆☆
准备时间	10分钟
烘焙参数	180℃ 20分钟
模具	中号纸蛋糕杯4个

材料			
无盐黄油	100克	低筋面粉	100克
细砂糖	50克	鸡蛋	2个
奶粉	30克	蔓越莓干	50克
朗姆酒	10克	泡打粉	1/2茶匙

制作过程（配有视频）

01 蔓越莓干中倒入朗姆酒和少量清水，浸泡20分钟；

02 留出数颗蔓越莓最后用作表面点缀，剩下的全部切碎；

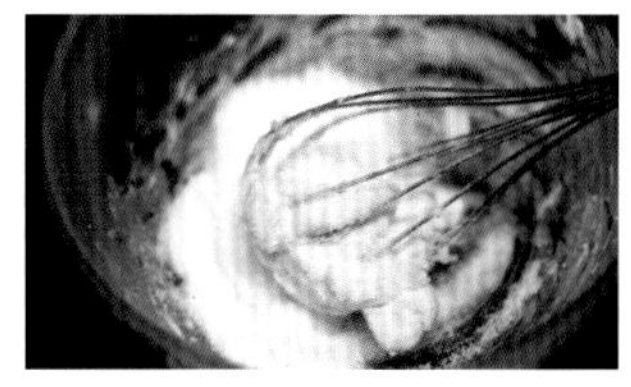

03 黄油和细砂糖放入干燥容器中，室温下放至黄油软化；

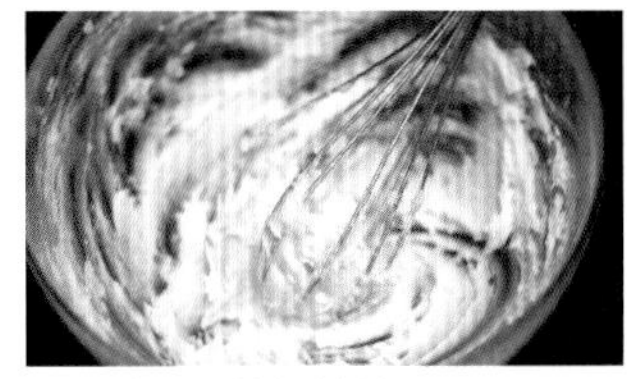

04 打发成泛白蓬松的黄油霜；

05 鸡蛋液分3次加入黄油霜中（蛋液和黄油霜充分打发再添加下一次），打发蓬松；

06 筛入低筋面粉、奶粉、泡打粉，轻轻翻拌均匀；

07 加入蔓越莓碎，混合均匀成蛋糕糊；

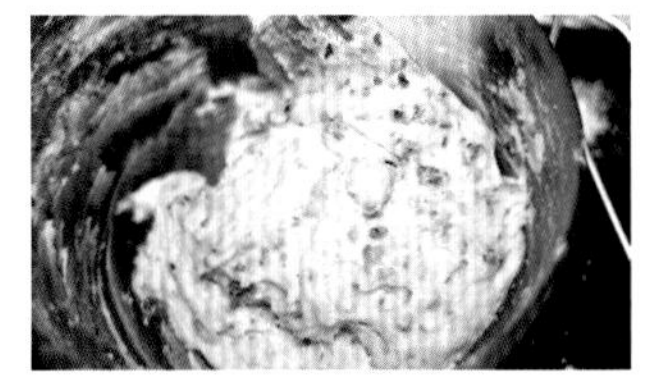

08 蛋糕糊舀入马芬杯中至8成满；

09 表面点缀上大颗的蔓越莓；

10 放入180℃预热好的烤箱中层，上下火烘焙20分钟即可。

材料

温馨贴士

配方中的蔓越莓可以换成葡萄干或巧克力豆等。

焦糖葡萄干马芬蛋糕

难易度	★★☆☆☆
准备时间	30分钟
烘焙参数	180℃ 20分钟
模具	中号纸蛋糕杯3~4个

材料

无盐黄油	70克	低筋面粉	60克
细砂糖	20克	鸡蛋	1个
奶粉	15克	泡打粉	1/4茶匙

焦糖葡萄干：葡萄干 35克　细砂糖 35克　热水 35克

制作过程

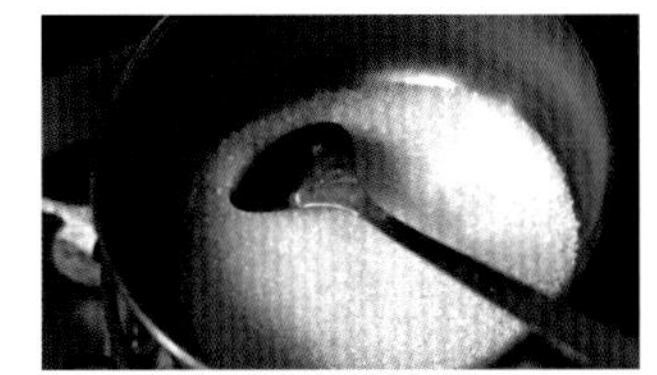
01 小奶锅中放入细砂糖，用小小火熬煮；

02 勺子一直搅拌，至所有的细砂糖都融化且变成金褐色的焦糖；

03 倒入热开水，关火；

04 迅速搅拌均匀成焦糖浆；

05 葡萄干洗净，倒入糖浆中浸泡20分钟成焦糖葡萄干；

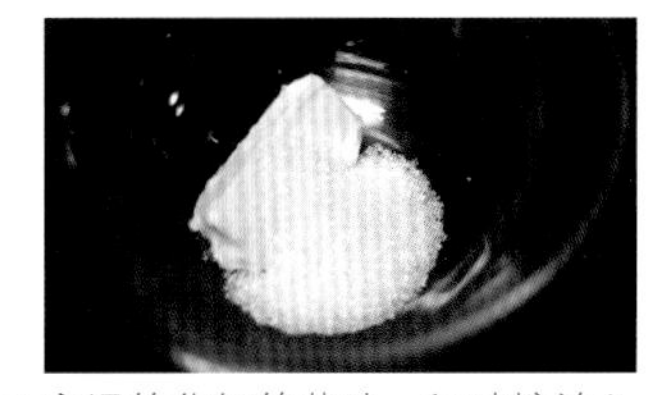
06 室温软化好的黄油、细砂糖放入干净容器中，打发成泛白蓬松的黄油霜；

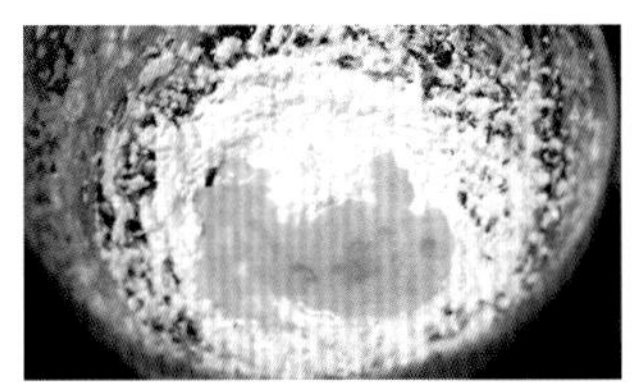
07 鸡蛋液分3次加入（蛋液和黄油霜充分混合均匀，再添加下一次）；

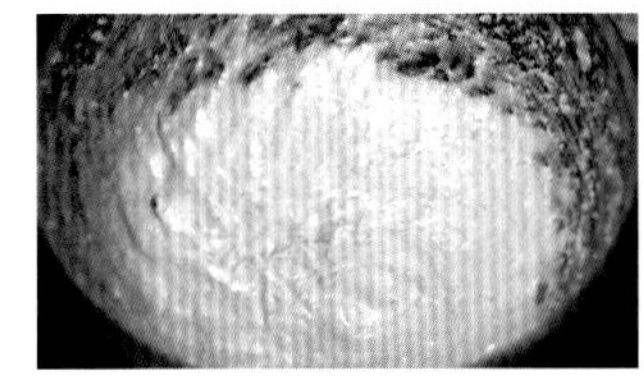
08 打发至蛋液充分吸收；

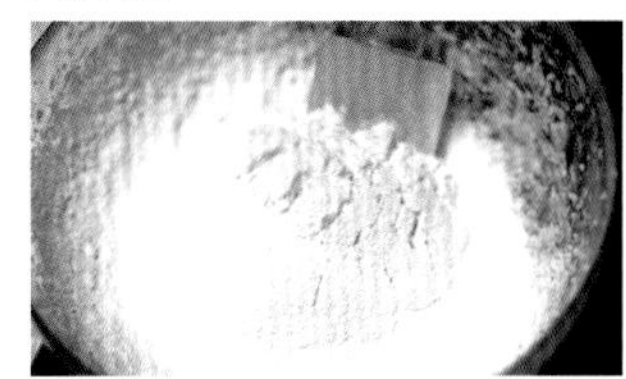
09 筛入低筋面粉、奶粉、泡打粉；

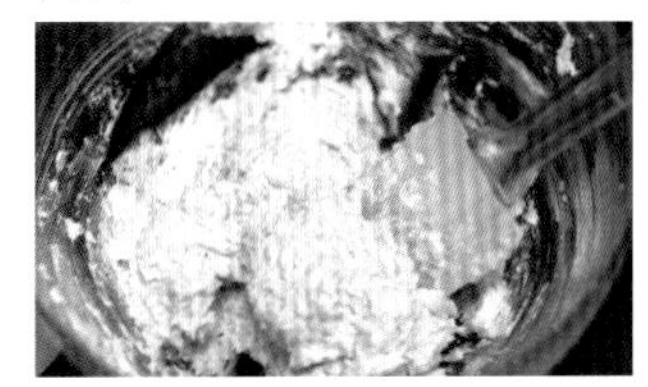
10 轻手翻拌均匀成蛋糕糊；

11 用勺子把蛋糕糊舀入马芬杯中至8成满；

材料

12 均匀浇上糖浆和葡萄干，放入180℃预热好的烤箱中，烘焙20分钟即可。

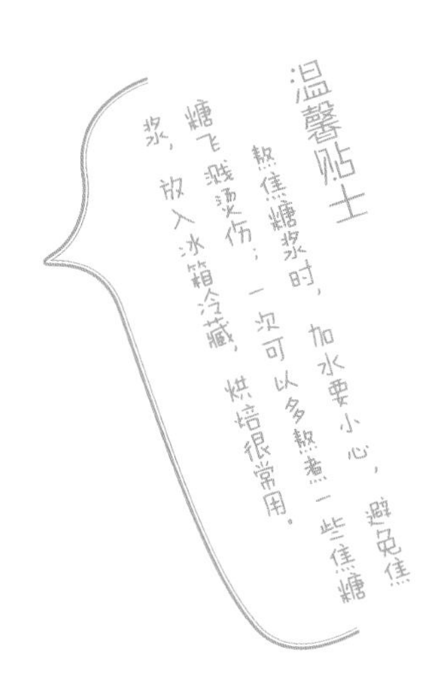

法式小蛋糕

温馨贴士

如果没有12连小蛋糕模，可用蛋挞盏代替。

难易度	★★☆☆☆
准备时间	10分钟
烘焙参数	175~185℃ 15分钟
模具	12连蛋糕模

材料			
低筋面粉	40克	无盐黄油	65克
淡奶油	25克	糖粉	40克
杏仁粉	60克	鸡蛋	1个
蛋黄	1个		

制作过程

01 黄油隔水融化；

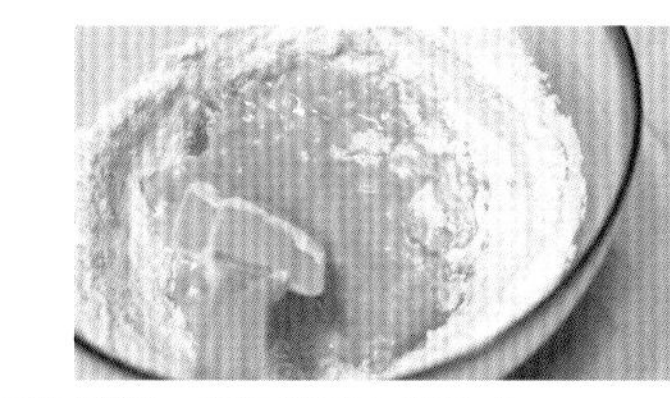
02 糖粉、杏仁粉筛入黄油中；

03 混合均匀；

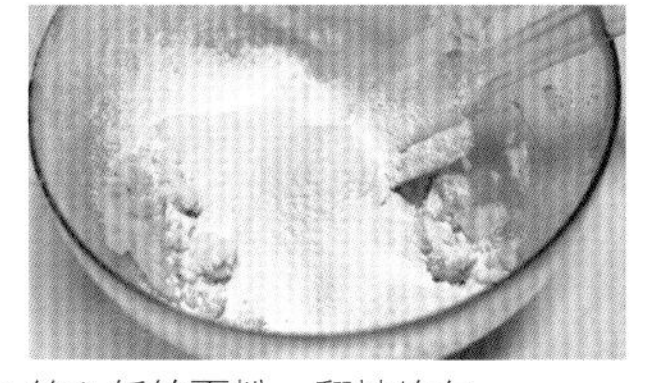
04 筛入低筋面粉，翻拌均匀；

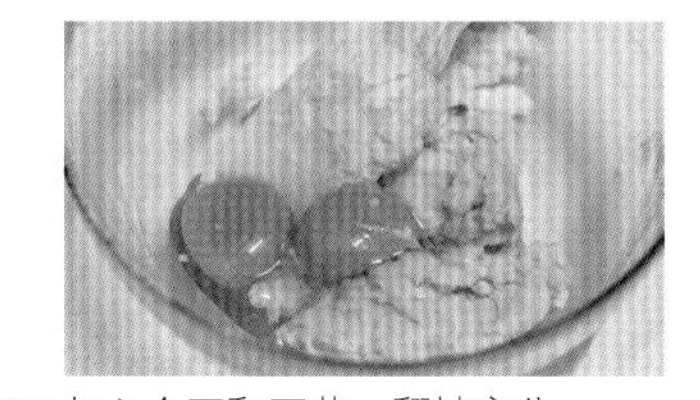
05 加入全蛋和蛋黄，翻拌充分；

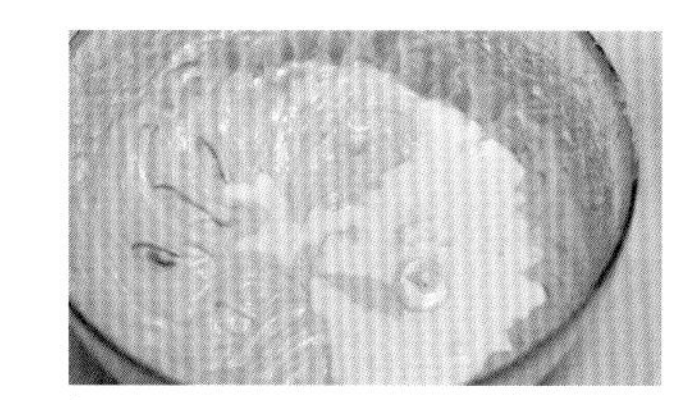
06 倒入淡奶油，混合成光滑无颗粒的面糊；

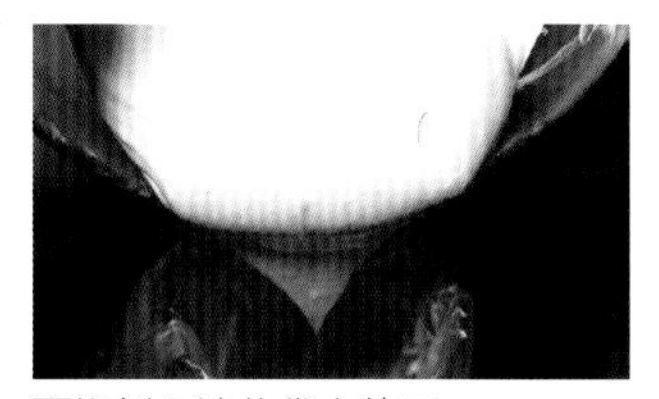
07 面糊倒入裱花袋中待用；

08 蛋糕模内壁刷上薄薄的黄油（额外）；

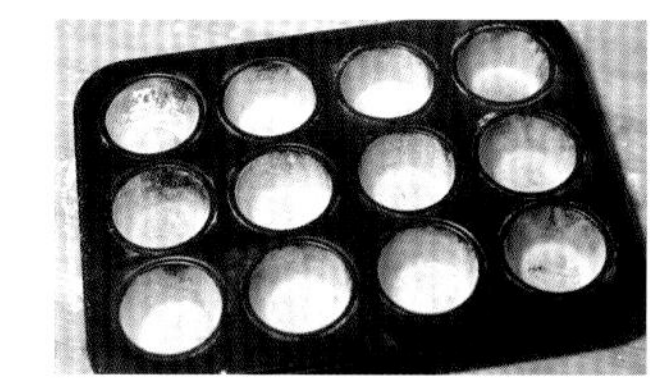
09 再均匀洒上高筋面粉（额外）防粘；

10 裱花袋尖端剪一个口，蛋糕糊挤入蛋糕模约8成满；

11 震几下蛋糕模，排出气体并让表面平滑；

12 放入预热好的烤箱中层，上火185℃，下火175℃，烘焙15分钟，出炉冷却后脱模。

材料

海绵纸杯蛋糕

难易度	★★☆☆☆
准备时间	10分钟
烘焙参数	180℃ 20分钟
模具	6连蛋糕模

材料

低筋面粉	100克	黄油	27克
鲜奶	40克	鸡蛋	3个
细砂糖	55克	盐	1/4茶匙

制作过程（配有视频）

01 鸡蛋和细砂糖、盐装入容器，隔着热水加热到约40℃（比体温稍高）；

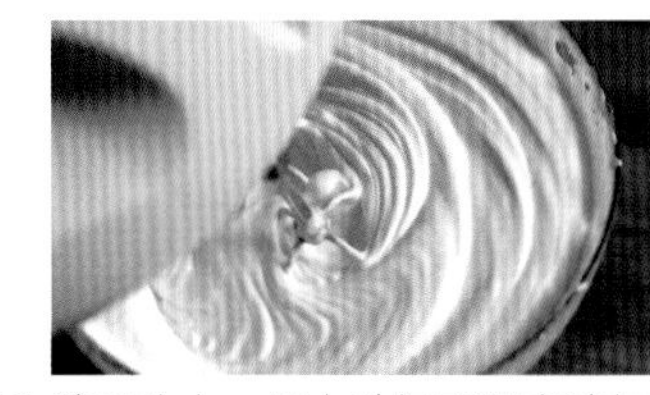

02 移开热水，用电动打蛋器高速打发（约3~4分钟）到蓬松泛白、细腻的样子；

03 筛入低筋面粉；

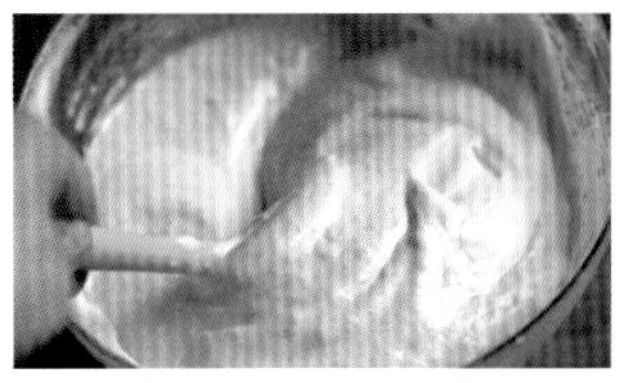

04 刮刀很轻快地翻拌均匀成蛋糕糊（半分钟内完成），放一边待用；

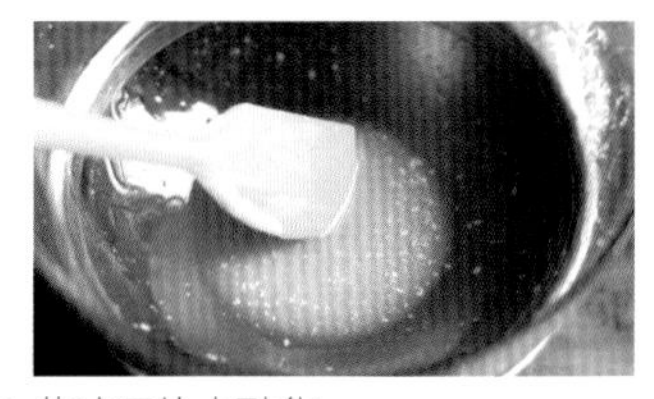

05 黄油隔热水融化；

06 加入鲜奶混合均匀（保持40℃左右，与蛋糕糊混合才不容易消泡）；

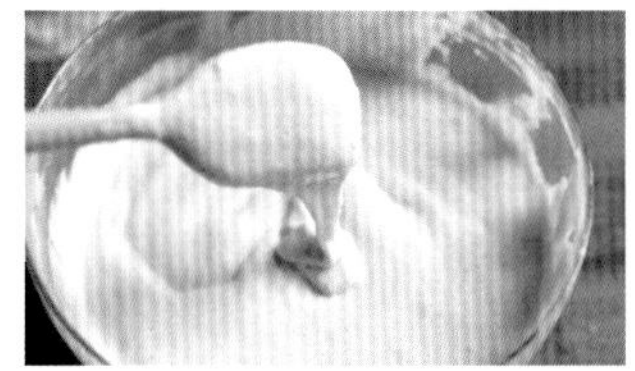

07 用刮刀稍微挡一挡，倒入蛋糕糊中，快速翻拌均匀；

08 放入180℃预热好的烤箱中层，上下火同温烘焙20分钟即可。

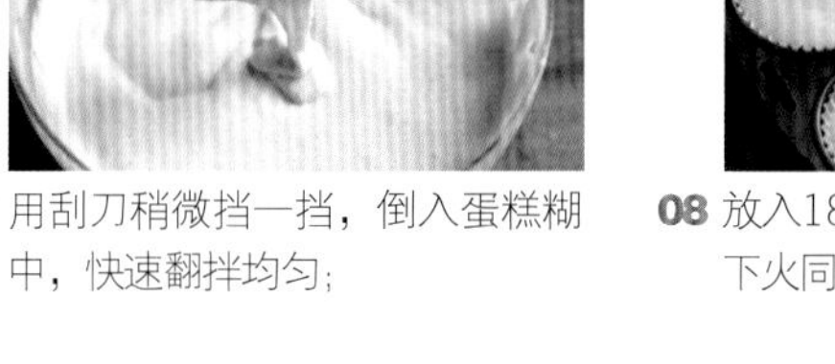

举一反三

100克的低筋面粉用90克低筋面粉和10克可可粉代替，就能做出巧克力蛋糕坯；在步骤08中加入一点蔓越莓或葡萄干等碎果粒，就能做出相应的口味蛋糕。

材料

温馨贴士

海绵蛋糕杯可作为各种装饰CUPCAKE的蛋糕坯，这个配方也可以做成一个6寸的海绵蛋糕。

林明顿蛋糕

难易度 ★☆☆☆☆

制作时间 20分钟

数量 20块

材料

6寸方形戚风蛋糕	1个（详见第016页）		
原味巧克力	80克	粉红巧克力	80克
绿色巧克力	80克	椰蓉	100克

制作过程

01 各色巧克力分别隔水融化成巧克力酱；

02 蛋糕坯切割成4厘米见方的小蛋糕块；

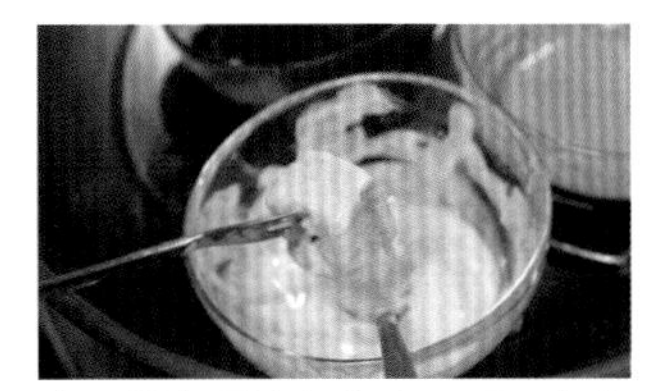

03 小蛋糕表面均匀裹上一层巧克力酱，裹好后稍微在容器边上刮一下，不用裹得太厚；

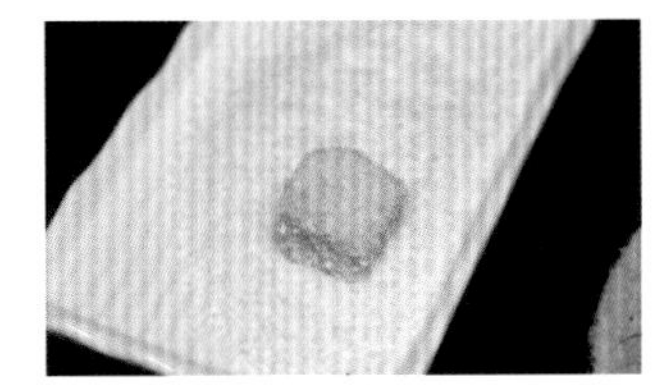

04 再放入盛满椰蓉的盘子中，滚一下，沾满椰蓉；

05 放在干净的盘子里晾干即成。

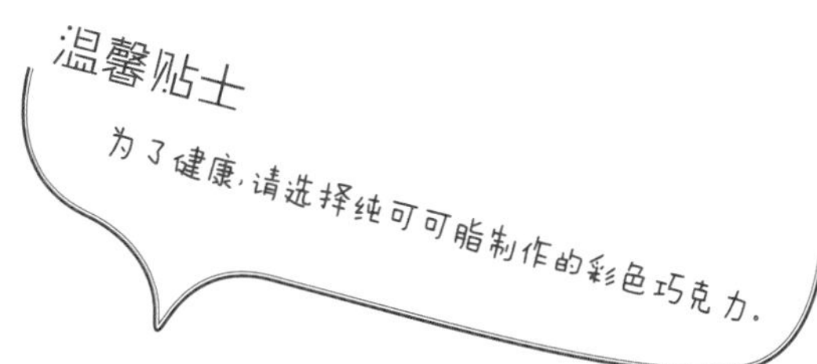

抹茶蛋糕卷

难易度 ★★☆☆☆

准备时间 15分钟

烘焙参数 175℃ 15分钟

模具 32厘米×28厘米烤盘1个

材料

蛋糕胚：	抹茶粉	5克	牛奶	50克
	淡奶油	20克	色拉油	30克
	低筋面粉	45克	蛋黄	3个
	蛋清	3个	细砂糖	55克
夹馅材料：	奶油芝士	80克	淡奶油	10克
	糖粉	20克		

温馨贴士

蛋糕体水分流失过多会导致卷的过程中开裂，水分流失有两个原因，一是烘烤过度，二是冷却时间过长。

用热刀切蛋糕卷，切面会很光滑。方法是：每次下刀之前，将刀在热水里烫一两秒，擦干后再切。

制作过程（Summer老师制作）

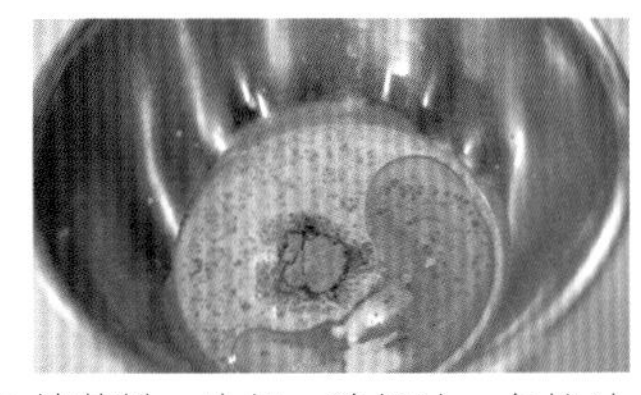

01 抹茶粉、牛奶、淡奶油、色拉油搅匀，中火加热至不见抹茶粉颗粒（所需时间不到1分钟），离火；

02 倒入已过筛的低筋面粉，立即用手动打蛋器搅匀；

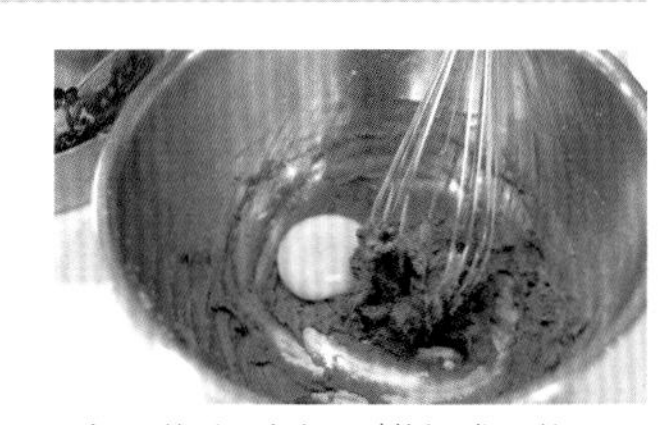

03 3个蛋黄分3次加入搅匀成蛋糊；

04 烤盘铺油纸备用；

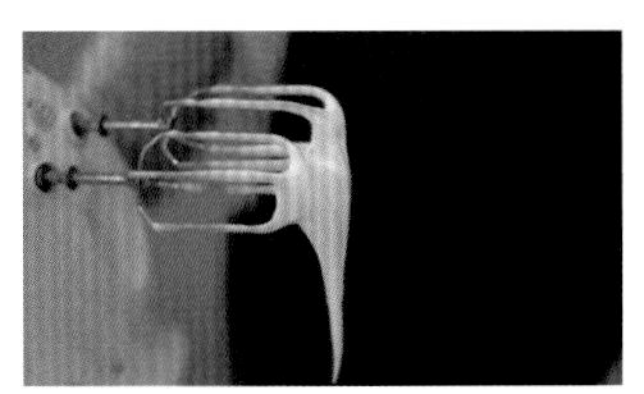

05 蛋清加入细砂糖，用电动打蛋器打至五六成发（提起打蛋器，头上挂的蛋清呈大弯勾状即可）；

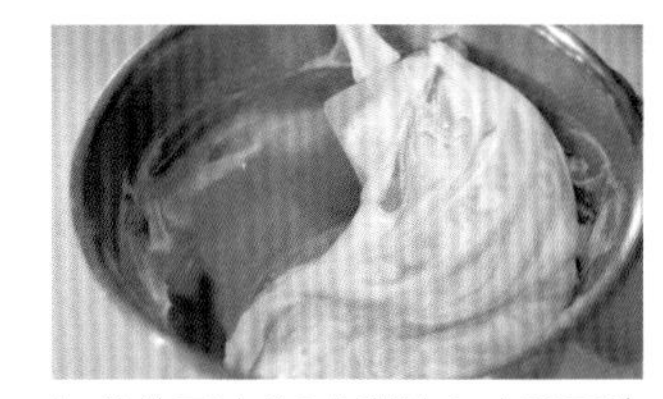

06 打发的蛋清分3次翻拌入步骤03的蛋黄糊中成蛋糕糊；

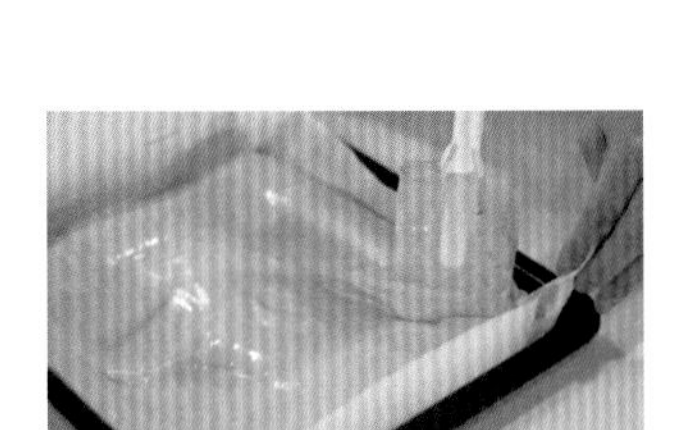

07 蛋糕糊倒入烤盘，用刮刀把蛋糕糊均匀摊开；

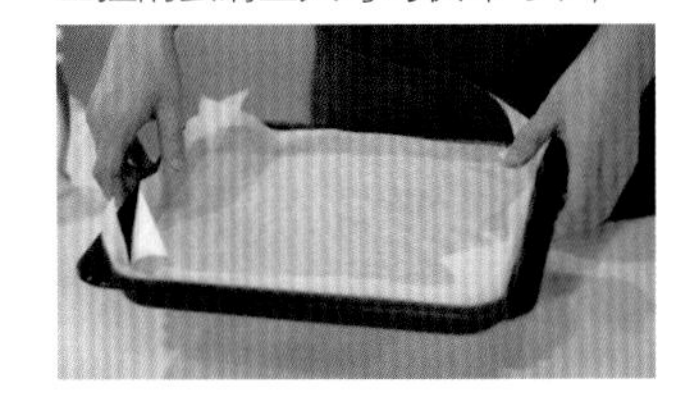

08 双手抬起烤盘约10厘米高，

09 放手使烤盘直落桌面，重复几次直至蛋糕糊表面被震平；然后放入175℃预热好的烤箱中层，烘烤约15分钟；

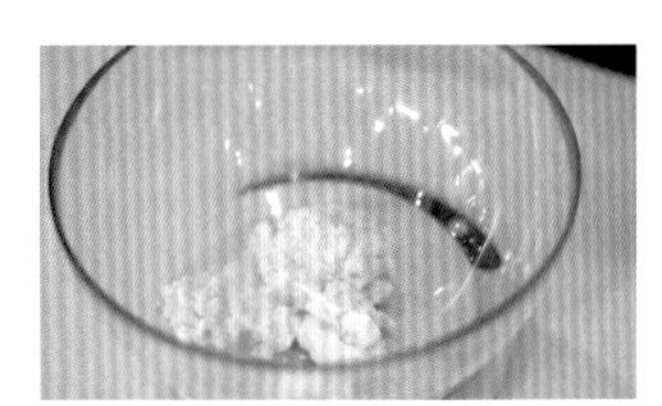

10 蛋糕体烘烤过程，开始准备夹层馅料：先将奶油芝士打滑；

11 加入糖粉搅匀；

12 慢慢加入淡奶油搅匀；

13 蛋糕烤好后将蛋糕体连油纸一起提起，放在烤网上冷却；

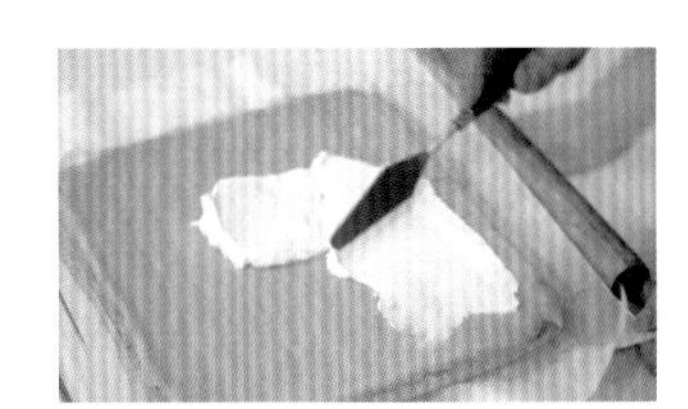

14 将夹层馅料均匀抹在蛋糕体上；

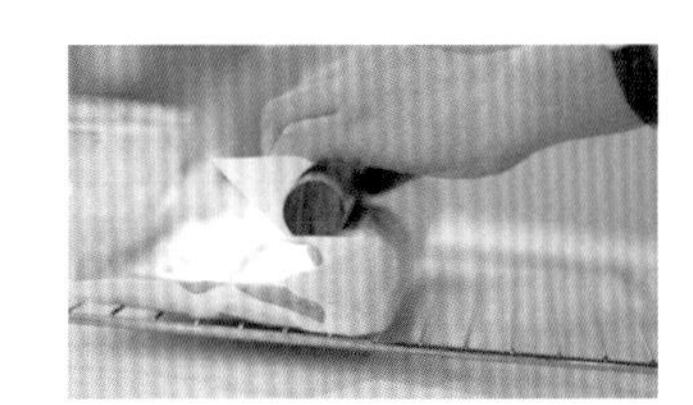

15 仔细卷好A；

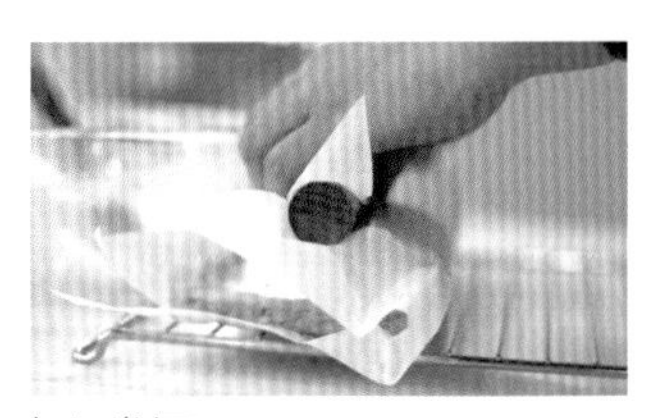

16 仔细卷好B；

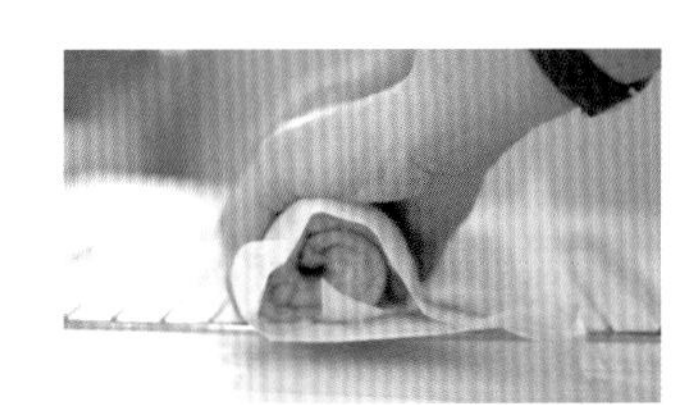

17 仔细卷好C；

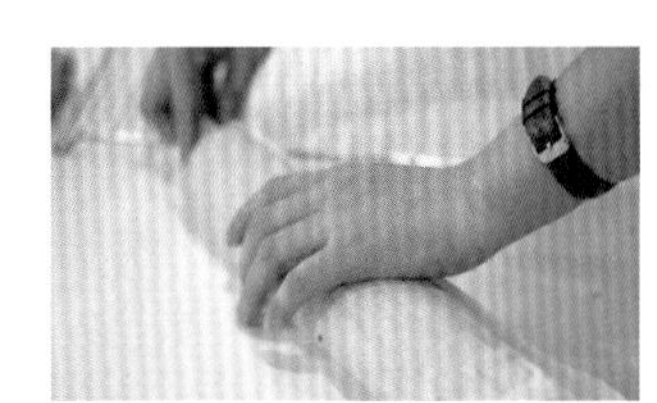

18 连油纸一起放入冰箱冷藏30分钟定型即可。

巧克力蛋黄派

温馨贴士

这个配方可烤制2盘巧克力派，第2盘因为蛋糕糊消泡，小蛋糕会摊开得大一些薄一些，夹心的棉花糖也需要大一些。

难易度	★★★☆☆
准备时间	20分钟
烘焙参数	180~190℃ 11分钟
模具	烤盘

材料			
低筋面粉	90克	糖粉	50克
鸡蛋	1个	蛋黄	2个
盐	1/8茶匙	黑巧克力	150克
棉花糖	适量		

制作过程

01 鸡蛋、蛋黄、盐、糖粉装入大容器；

02 隔着热水加热到40℃左右（比体温稍高），移开热水浴；

03 用打蛋器高速打发鸡蛋；

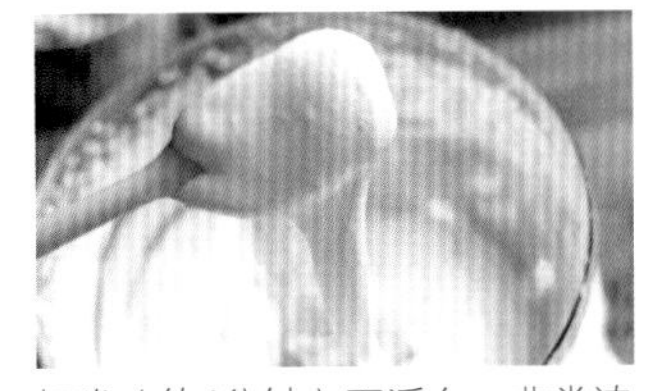

04 打发（约4分钟）至泛白、非常浓稠、几乎没有流动性；

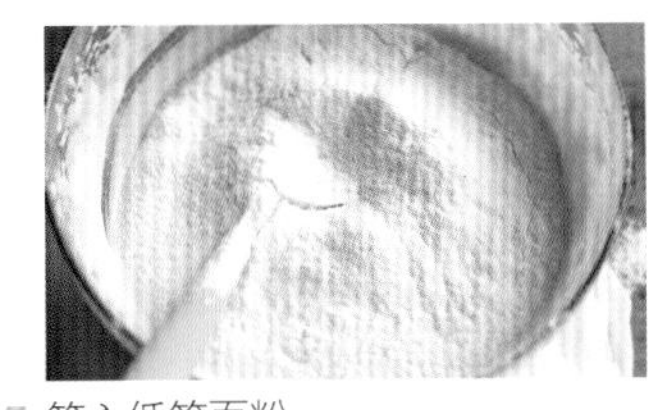

05 筛入低筋面粉；

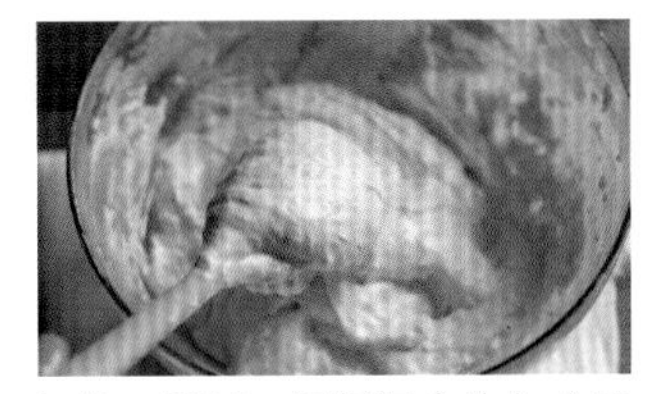

06 切拌、翻拌，轻轻混合均匀（不要搅拌过度）成蛋糕糊；

07 装入裱花袋中；

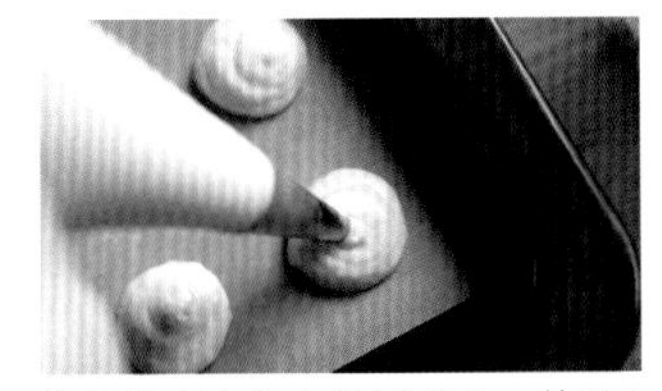

08 挤入垫有高温布的烤盘中，约2厘米宽度；

09 放入190℃预热好的烤箱中层，烘焙8分钟出炉；

10 小蛋糕铲起来，翻面待用；

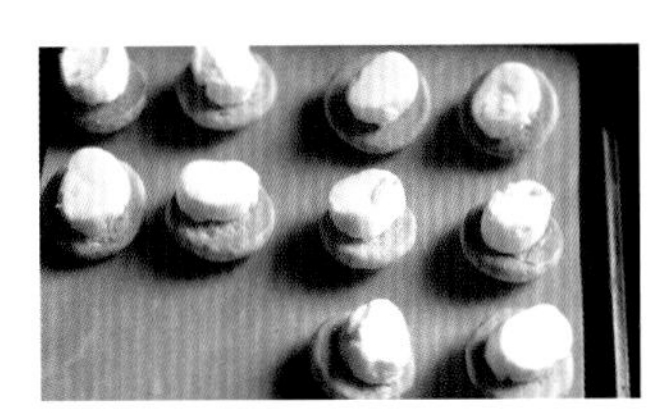

11 取半数的小蛋糕，反放在铺了高温布的烤盘上，上面放上棉花糖；

12 放入烤箱，180℃烘焙3分钟至棉花糖粘手；

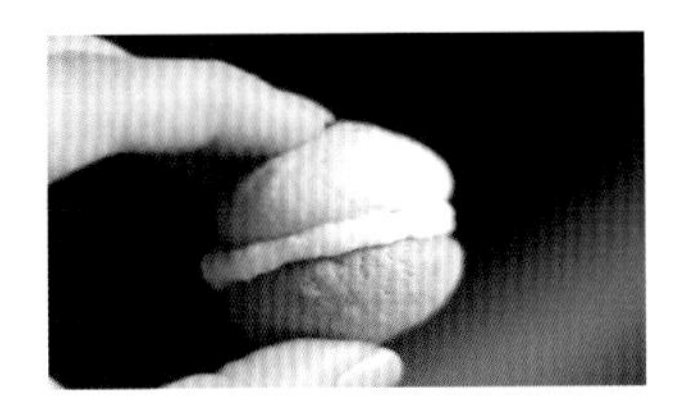

13 移出烤箱后，棉花糖表面盖上另外一半的小蛋糕轻压；

14 黑巧克力装入干燥的容器，隔着热水融化；

15 夹心小蛋糕表面刷上巧克力酱，晾干即可。

材料

纽约芝士蛋糕

难易度 ★★☆☆☆

准备时间 20分钟

烘焙参数 150~165℃ 70分钟

模具 6寸活底蛋糕模

材料

材料	用量	材料	用量
奶油芝士	250克	鸡蛋	2个
酸奶油	100克	细砂糖	55克
牛油	20克	奥利奥饼干	80克
生粉	5克		

制作过程

01 活底蛋糕模用锡纸包好，避免水浴烘烤时漏水；

02 奥利奥饼干压碎后与已经软化或液化的牛油混合；

03 牛油饼干碎填在蛋糕模底部，适当力度压平，模内壁抹上黄油后，放入冰箱冷冻10分钟；

04 奶油芝士与45克细砂糖隔水加热至融化；

05 鸡蛋分3次加入，搅拌成光滑的芝士糊；

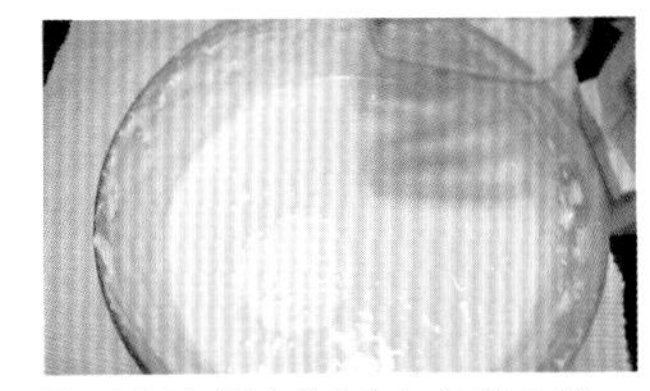

06 取60克酸奶油分2次加入芝士糊，混合均匀；

07 混合好的芝士糊倒入冷冻好的蛋糕模，放入加了适量温水（1~2厘米高度）的烤盘中；

08 放入165℃预热好的烤箱中层，烘焙30分钟，再放到倒数第二层，150℃烘焙30分钟；

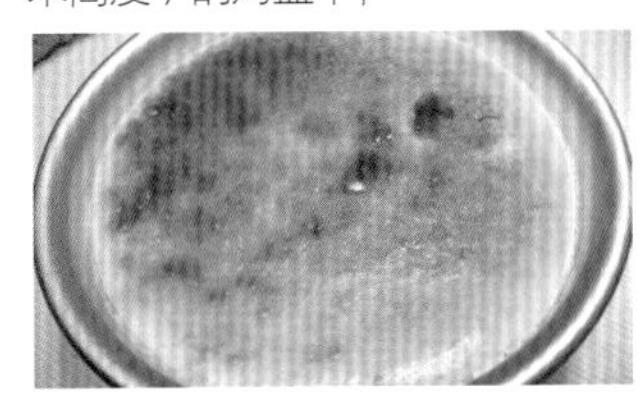

09 蛋糕取出静置10分钟，待中间回缩后，浇上40克酸奶油、10克细砂糖和5克生粉的混合酱，入烤箱160℃再烤10分钟；

10 蛋糕冷藏3小时后可直接食用，也可装饰上水果等。

材料

举一反三

大理石芝士蛋糕

完成纽约芝士蛋糕制作步骤07（步骤中的酸奶油可用酸奶代替，添加10克可可粉即可），在蛋糕糊表面用裱花袋挤上内、中、外三圈巧克力酱（巧克力酱做法详见第049页），然后用筷子在上画圈即可。

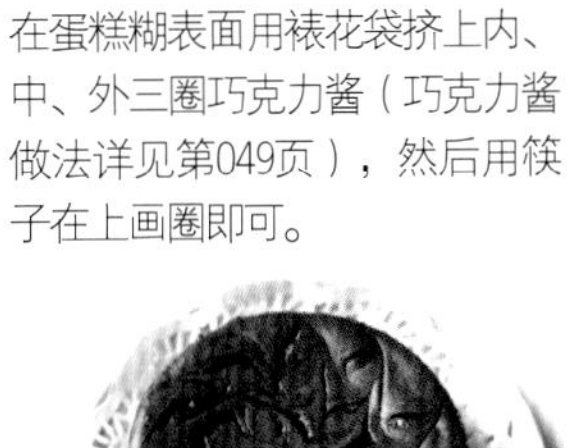

焦糖玛奇朵芝士蛋糕

奶油芝士250克，淡奶油100克，细砂糖20克，生粉10克，鸡蛋2个，黑咖啡20克，焦糖浆30克（详见第035页），步骤及烘焙温度和纽约芝士蛋糕一样。

温馨贴士

如果没有酸奶油，可用100毫升淡奶油和1茶匙柠檬汁混合并冷藏后代替。

桑葚芝士淋面蛋糕

难易度	★★★☆☆
准备时间	30分钟
烘焙参数	165℃ 35分钟
模具	6寸活底蛋糕模

材料

芝士蛋糕	消化饼	150克	无盐黄油	20克
	奶油芝士	150克	细砂糖	35克
	原味酸奶	50克	焦糖浆	40克
	生粉	8克	蛋清	2个
	桑葚	适量		
巧克力淋面	黑巧克力	180克	淡奶油	100克
	无盐黄油	20克		

制作过程

01 焦糖浆（详见第035页）中倒入洗净的桑葚，浸泡30分钟；

02 消化饼装入保鲜袋中，用擀面杖压碎，拌入黄油混合成饼干底；

03 饼干底倒入蛋糕模中，用勺子压平填实，蛋糕模周围一圈抹上黄油，入冰箱冷冻10分钟；

04 奶油芝士、生粉、酸奶、细砂糖、浸泡过桑葚的焦糖浆全部倒入搅拌器中，搅拌成芝士糊；

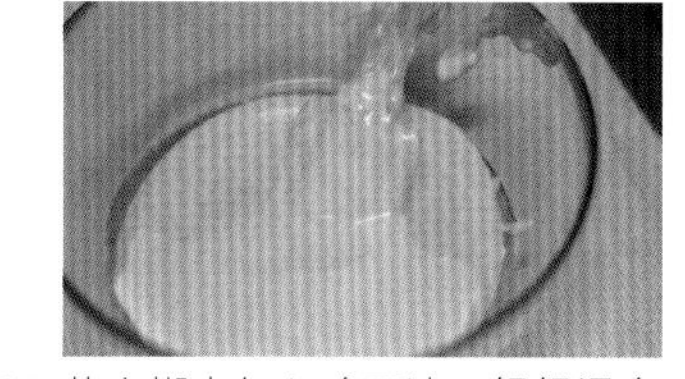

05 芝士糊中加入鸡蛋清，轻轻混合均匀，避免产生气泡；

06 从冰箱取出蛋糕模，倒入1/4的芝士糊，把浸泡过焦糖浆的桑葚均匀布满蛋糕模内；

07 再把剩余的芝士糊倒入蛋糕模中；

08 放入160℃预热好的烤箱中层，上下火同温烘焙20分钟，再放到烤箱倒数第二层，同温烘焙15分钟，出炉放凉后脱模即可；

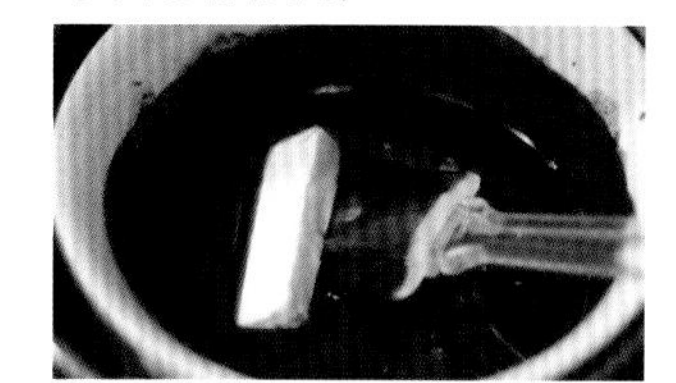

09 把淋面材料全部装入容器中，隔水融化成巧克力酱；

10 烤好的芝士蛋糕置于烤网上，下面用浅盘接着，先用刷子把蛋糕表面都刷一层巧克力酱；

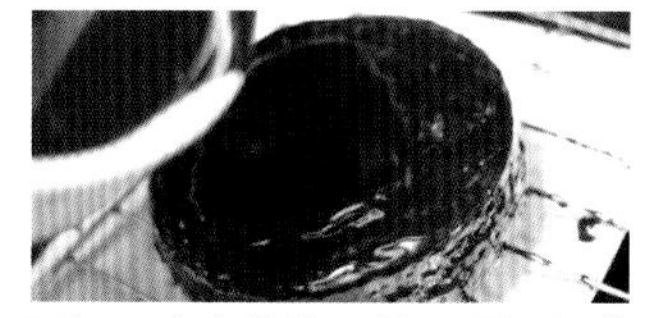

11 再把巧克力酱从蛋糕上面缓缓淋下，让其均匀覆盖在蛋糕表面和周围；

12 淋好的蛋糕和烤网托盘一起放入冰箱冷藏；

13 冷藏至表面的巧克力凝固，就可以移开烤网进行蛋糕裱花装饰等。

材料

温馨贴士

淋面时，巧克力酱的温度尽量保持在40~50℃，有一定的流淌性，淋出来的蛋糕表面光滑，且巧克力层不会太厚。淋面剩下的巧克力酱，可以代替第031页的“巧克力熔浆蛋糕”步骤01制作的巧克力酱。

举一反三

榴莲夹心巧克力淋面蛋糕

方形的戚风蛋糕切片后，夹入榴莲肉和打发的淡奶油（根据口味灵活调整比例，细砂糖添加量为淡奶油的10%）混合的夹心奶油，最后在表面刷上1~2层巧克力淋面酱，待干就可切片食用。

草莓夹心芝士蛋糕

温馨贴士

也可用普通口味的冻芝士蛋糕糊（参考第053页步骤01~04）代替提拉米苏芝士糊。

难易度 ★★☆☆☆

准备时间 30分钟

模具 6寸方形活底蛋糕模

材料

提拉米苏芝士糊：马斯卡朋芝士 250克　蛋黄 2个　清水 75克

淡奶油 150克　细砂糖 50克

吉利丁 2片

其他材料：咖啡酒 5克　黑咖啡 25克

草莓 适量　6寸戚风蛋糕坯 1个

草莓咖 50克

啫喱粉

制作过程

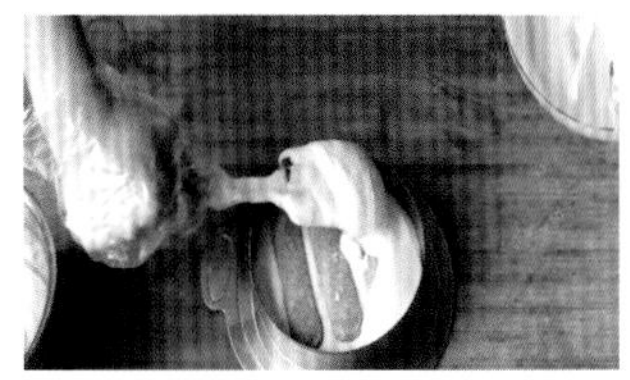

01 参考第061页制作好提拉米苏芝士糊；

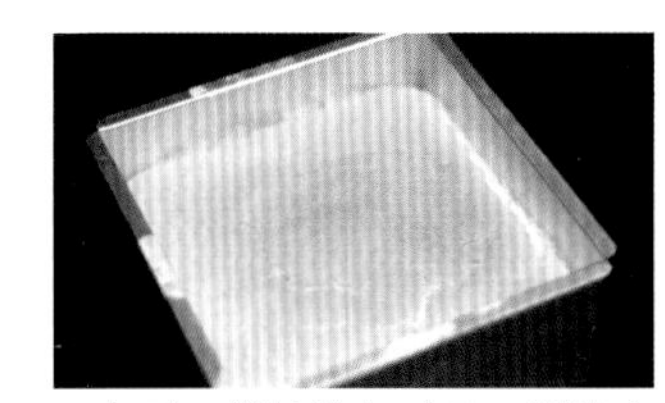

02 用方形蛋糕模烤好戚风蛋糕放凉（戚风蛋糕做法详见第016页）；

03 蛋糕坯切出2片1.5厘米厚的蛋糕薄片；

04 干燥的蛋糕模底部铺入一片蛋糕，轻轻刷上黑咖啡和咖啡酒以5:1混合的调和汁；

05 蛋糕片上整齐铺一层草莓；

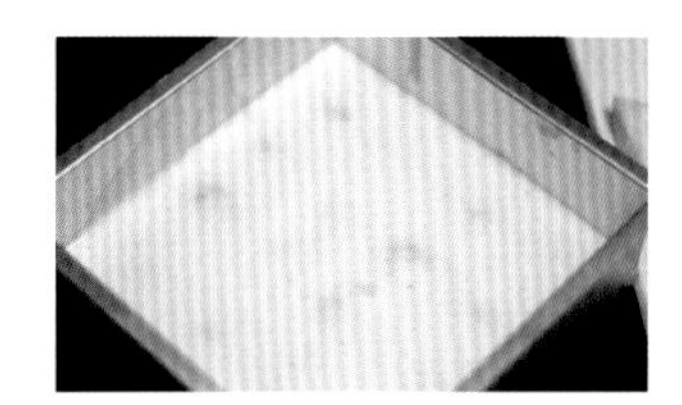

06 缓缓浇上部分提拉米苏芝士糊，漫过草莓就行；

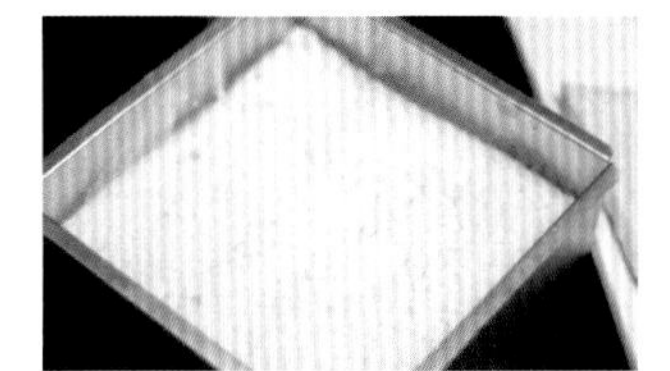

07 再盖上一层蛋糕片，也轻轻刷上黑咖啡和咖啡酒的调和汁；

08 把剩余的提拉米苏芝士糊全部倒入模中，盖上保鲜膜入冰箱冷藏2小时；

09 啫喱粉加入100克沸水混合融化，放凉后缓缓浇在蛋糕上；

10 蛋糕再放入冰箱冷藏2小时后即可脱模；

11 根据草莓摆放的位置切开蛋糕，可看到漂亮的草莓切面。

材料

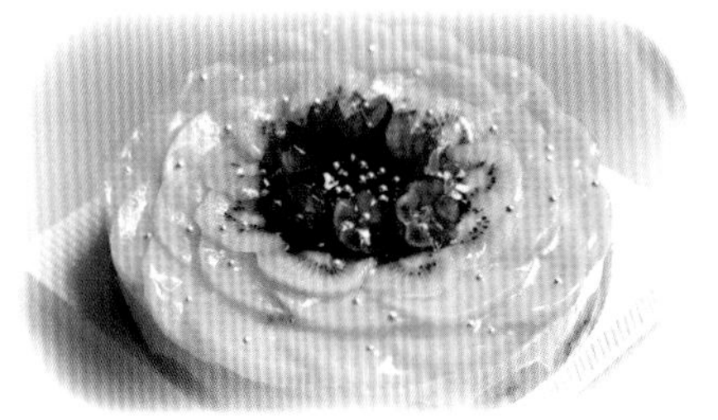

举一反三

草莓围边芝士蛋糕

慕斯圈内一周贴上薄草莓片，再倒入芝士糊（口味任意），凝固后装饰即可。

黄桃鲜果芝士蛋糕

慕斯圈一周先铺上浸泡了果冻水的猕猴桃片，再倒入芝士糊（口味任意），冷藏凝固后，表面铺上切片的黄桃和各种水果及果酱即可。

覆盆子芝士蛋糕

难易度 ★★☆☆☆

准备时间 30分钟

模具 6寸活底蛋糕模1个

材料

芝士蛋糕胚：奶油芝士 125克　淡奶油 100克　细砂糖 20克　覆盆子果酱 80克　吉利丁 2片　鲜奶 35克　6寸戚风蛋糕坯 1个

表面巧克力冻：吉利丁 1片　可可粉15克　清水100克

制作过程

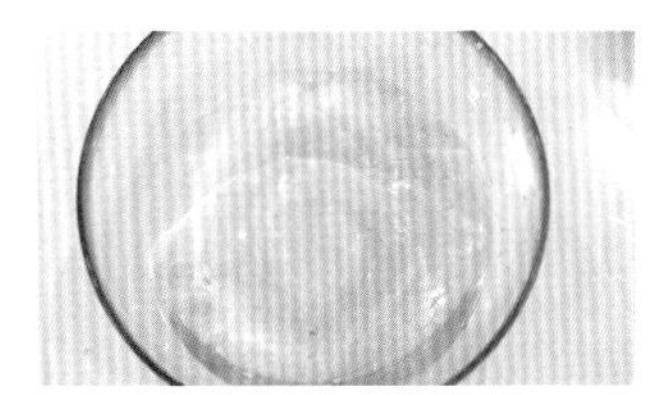

01 2片吉利丁用冰水浸泡20分钟至变软；

02 奶油芝士、淡奶油、细砂糖、果酱和鲜奶一起倒入搅拌器，搅拌成芝士糊；

03 吉利丁从冰水中捞出后隔水加热至融化；

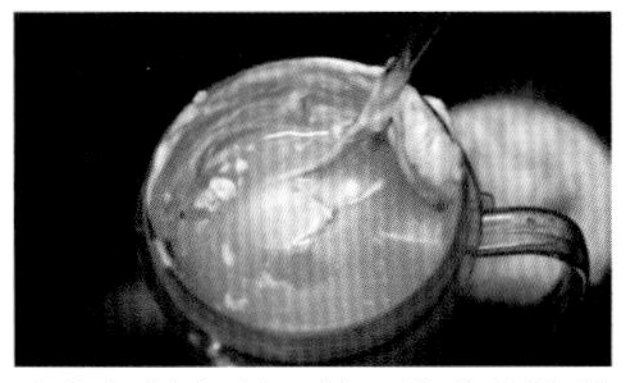

04 融化好的吉利丁倒入装芝士糊的搅拌器中，混合均匀（这就成了最基础的免烤芝士蛋糕糊，果酱可以换任何口味的）；

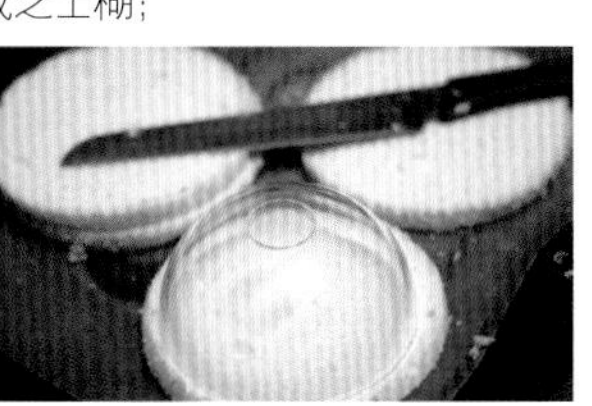

05 戚风蛋糕切成1.5厘米厚的蛋糕片，裁掉周围一圈；

06 取一片蛋糕片铺在蛋糕模底部；

07 浇上一半的芝士糊；

08 再铺上一片蛋糕；

09 剩下的芝士糊全部倒入，放入冰箱冷藏2小时以上凝固；

10 表面巧克力冻材料中的1片吉利丁用冰水泡软，然后与可可粉和清水混合，隔水加热至融化；

11 融化的巧克力汁倒在冻好的芝士蛋糕表面，放入冰箱再冷藏5小时，凝固后脱模；

12 稍作装饰即可食用。

举一反三

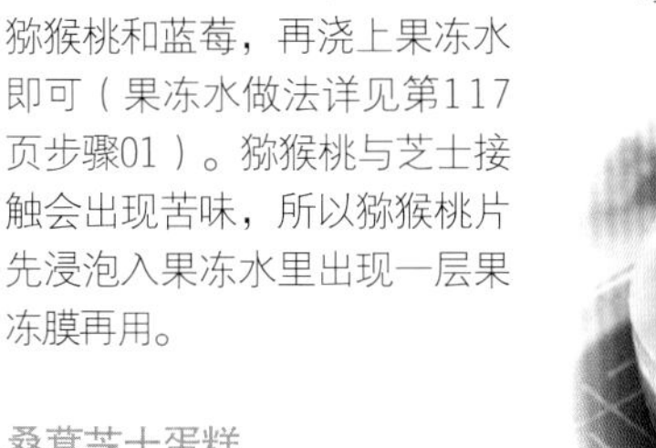

芝士蛋糕

凝固的芝士蛋糕表面铺上猕猴桃和蓝莓，再浇上果冻水即可（果冻水做法详见第117页步骤01）。猕猴桃与芝士接触会出现苦味，所以猕猴桃片先浸泡入果冻水里出现一层果冻膜再用。

桑葚芝士蛋糕

奶油芝士200克，桑葚果酱200克，奶粉40克，吉利丁2片，饼干底（详见第047页步骤02~03），做法和上述步骤类似：除吉利丁外的材料都搅拌均匀，再拌入融化的吉利丁，蛋糕模内铺上饼干底，再倒入芝士糊，冷藏凝固后，用白色巧克力屑装饰即可。

温馨贴士

用活底蛋糕模制作的冻芝士蛋糕如果需要外带，蛋糕模的活底需先用保鲜膜包住再制作蛋糕，蛋糕脱模后，用保鲜膜抬起芝士蛋糕并移入蛋糕垫或蛋糕盒中。如果用慕斯圈制作冻芝士蛋糕，慕斯圈下面铺上蛋糕垫即可。

多层桑葚芝士蛋糕

难易度 ★★★☆☆
准备时间 60分钟
模具 6寸慕斯圈

材料
奶油芝士 125克
桑葚果酱（详见第012页） 50克
淡奶油 150克
鲜奶 40克
戚风蛋糕坯 2片
细砂糖 40克
吉利丁 2片

制作过程

01 吉利丁用冰水浸泡20分钟至变软

02 捞出吉利丁，与奶油芝士、100克淡奶油、鲜奶、细砂糖一起隔水加热，搅拌成光滑的芝士糊；

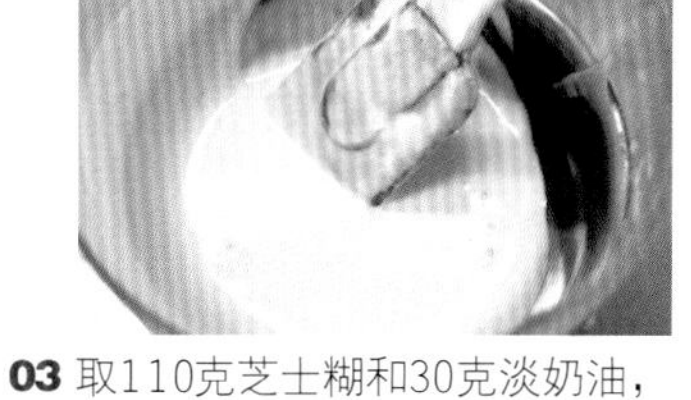

03 取110克芝士糊和30克淡奶油，隔冰水搅拌至浓稠；

04 慕斯圈垫在蛋糕纸垫上，中间铺入蛋糕片，浇入步骤03的芝士糊，放入冰箱冷藏20分钟；

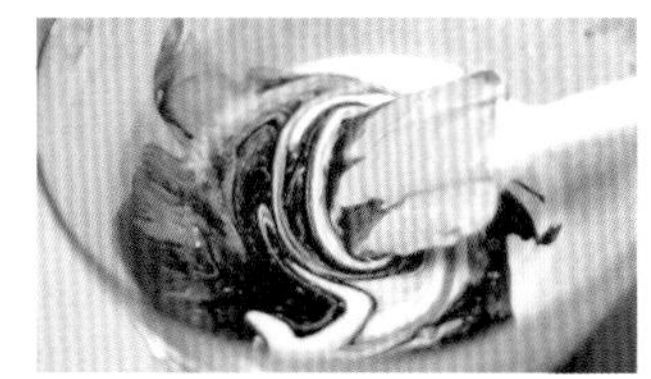

05 另取110克芝士糊，加入20克淡奶油和10克桑葚果酱混合；

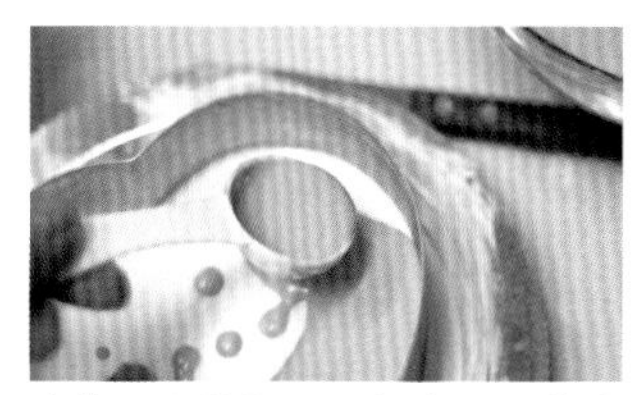

06 冰箱取出慕斯圈，把步骤05的浅紫色芝士酱浇到表层；

07 盖上一层蛋糕坯，再放入冰箱冷藏20分钟；

08 剩下的白色芝士糊和30克桑葚果酱混合；

09 倒入冰箱取出的慕斯模内，再放入冰箱冷藏3小时以上；

10 脱模前，用毛巾热敷或电吹风热风吹模边1~2分钟；

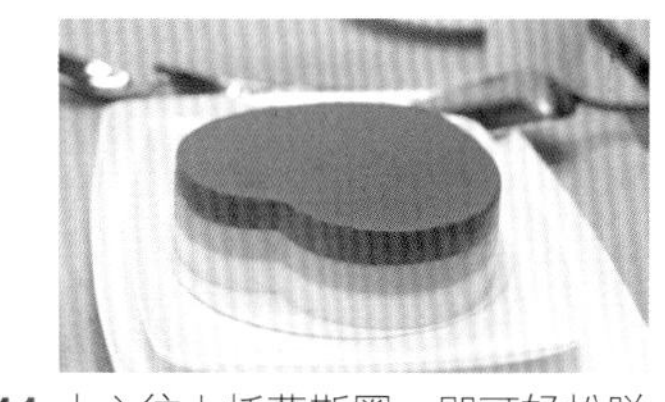

11 小心往上托慕斯圈，即可轻松脱模。

温馨贴士

这种慕斯圈制作的蛋糕夹心的免烤蛋糕，底层的芝士糊必须隔冰水搅拌冷却至浓稠再倒入圈内（如步骤03），才不会从底部溢出，中间的夹心蛋糕片也不会浮起来。

举一反三

果冻夹心芝士蛋糕

果冻粉与食用色素制作出彩色果冻切粒；制作出步骤02的芝士糊后，分3次倒入慕斯圈，每次都均匀铺上果冻粒，冷藏凝固后再倒下一层芝士糊和果冻粒。

榴莲蓝莓冻芝士蛋糕

详见视频。

啫喱夹层芝士蛋糕

步骤02的基础芝士糊分成2份，第1份倒入慕斯圈冷藏凝固后，在表面浇上一层50克草莓啫喱粉和1片吉利丁用150克沸水融化并冷却后的啫喱水，冷藏凝固后再浇上第2份芝士糊，冻硬即可。

车轮芝士蛋糕

难易度 ★★☆☆☆
准备时间 20分钟
模具 大号车轮模

材料			
奶油芝士	125克	淡奶油	100克
蓝莓果酱	70克	细砂糖	20克
吉利丁	2片	鲜奶	40克
草莓啫喱粉	50克	沸水	100克
6寸戚风蛋糕	1个		

温馨贴士

车轮模也可用其他各种固底蛋糕模具代替

制作过程

01 沸水冲入啫喱粉中，轻轻搅至啫喱粉融化，避免起泡；

02 把混合好的啫喱水倒入干净的车轮模中，放入冰箱冷藏20分钟；

03 吉利丁用冰水泡软后倒掉冰水，隔着热水加热至融化；

04 奶油芝士切小块，与淡奶油、细砂糖、鲜奶、果酱和融化了的吉利丁一起倒入搅拌器；

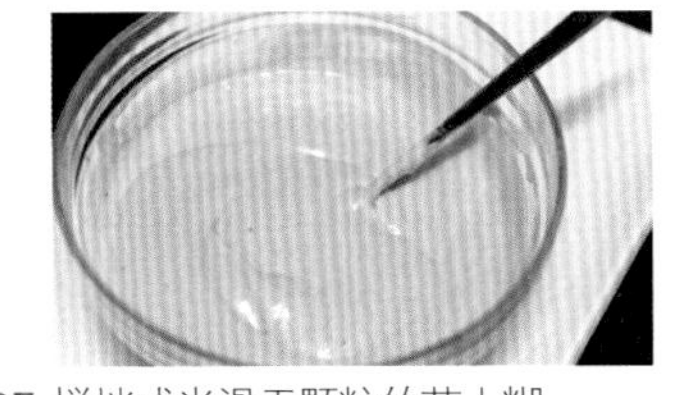

05 搅拌成光滑无颗粒的芝士糊；

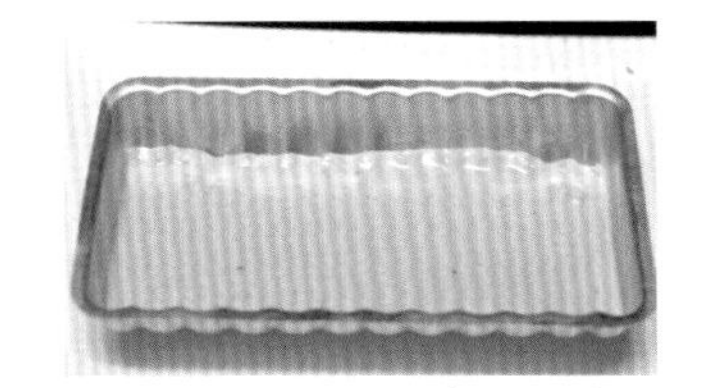

06 在凝固好的啫喱表面浇上1/3的芝士糊；

07 戚风蛋糕切成3片；

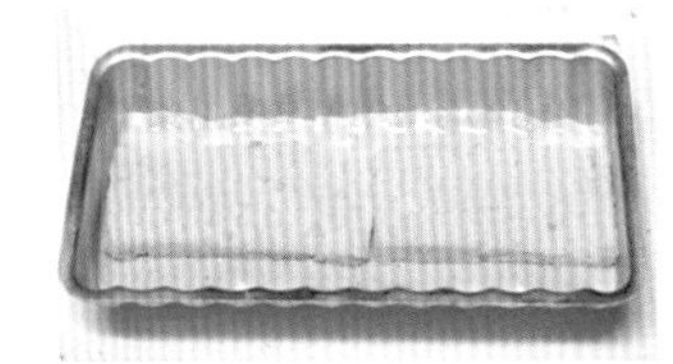

08 取1块蛋糕片，如图切成长条盖在芝士糊上；

09 剩下的芝士糊全部倒入，抹平；

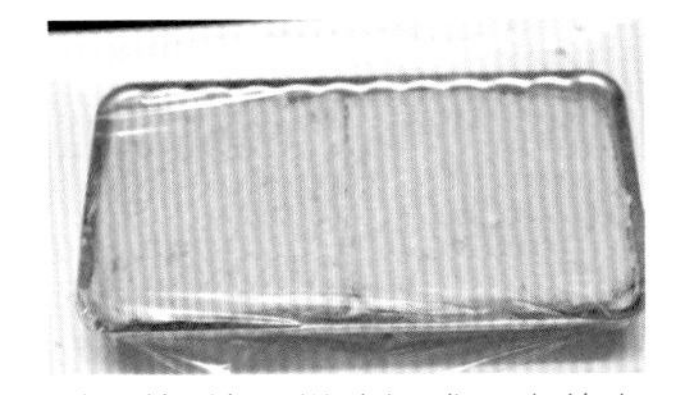

10 剩下的2块蛋糕片切成图中的大小，盖在芝士糊上，包上保鲜膜，放入冰箱冷藏5小时；

11 冷藏好的芝士蛋糕倒扣在盘子里，用毛巾热敷或用电吹风热风吹表面1~2分钟，轻拍车轮模，即可脱模。

举一反三

材料中的果酱和啫喱粉的口味可以根据自己的喜好随意更换。

材料

巧克力芝士蛋糕杯

难易度	★★★☆☆
准备时间	30分钟
模具	慕斯杯10个

材料

奶油芝士	250克	淡奶油	250克
鲜奶	100克	吉利丁	2片
黑巧克力	120克	细砂糖	60克
手指饼	5条	黑咖啡	1杯
可可粉	适量		

制作过程

01 吉利丁用冰水浸泡20分钟至变软；

02 捞出吉利丁，与奶油芝士、50克细砂糖一起隔水搅拌成芝士糊；

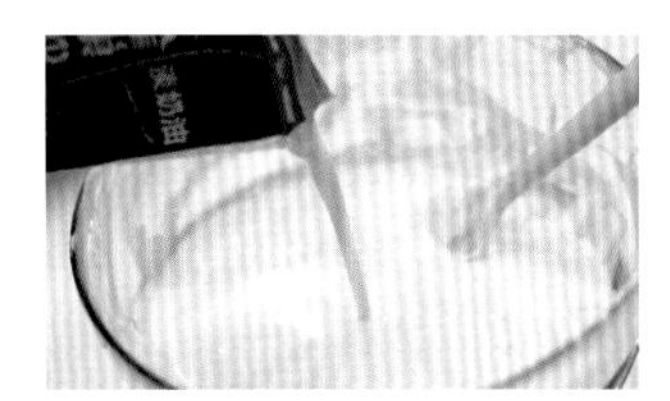

03 加入淡奶油混合成稍稀白色芝士糊待用；

04 咖啡倒入平底盘中；

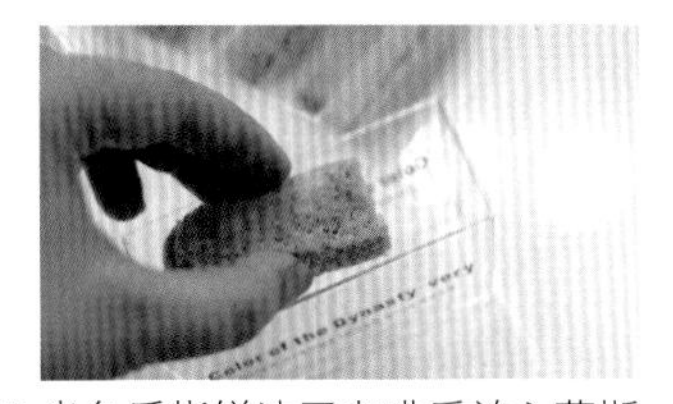

05 半条手指饼沾了咖啡后放入慕斯杯底部；

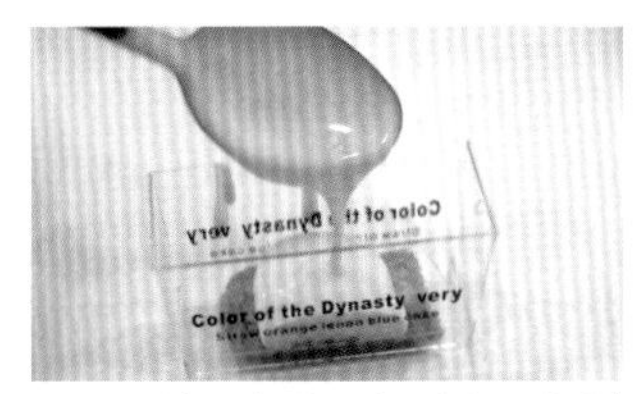

06 舀适量的白色芝士糊盖在手指饼上，震动一下，把杯底的空气震出去；

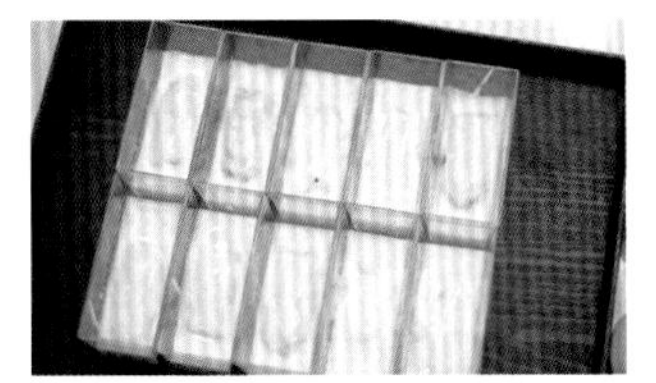

07 装好手指饼和芝士糊的慕斯杯放入冰箱冷藏约10分钟待用；

08 纯黑巧克力装入干燥容器中，隔热水加热成顺滑的巧克力酱；

09 剩余的白色芝士糊按1:5分成2份；

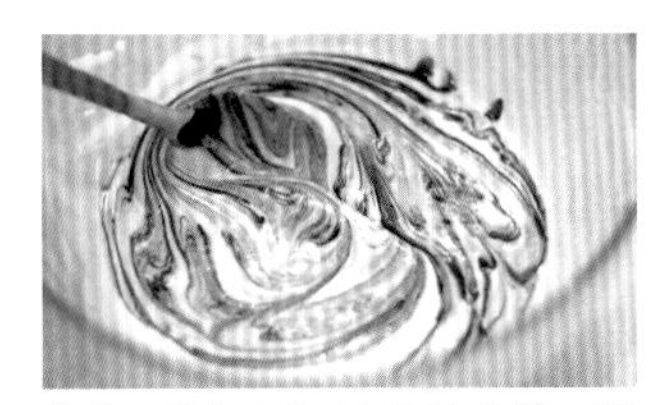

10 多的一份加入2~3勺巧克力酱，混合成淡巧克力色芝士糊；

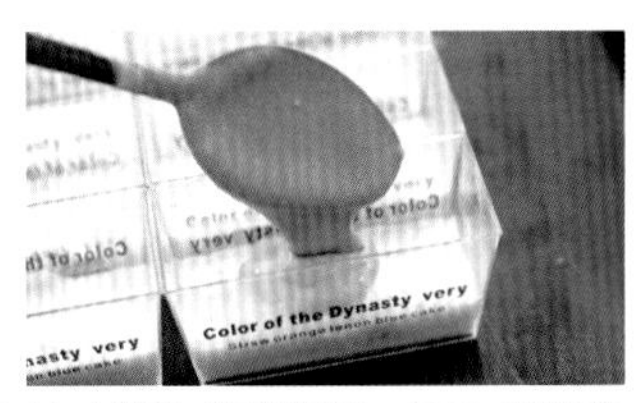

11 从冰箱取出慕斯杯，浇入淡巧克力色芝士糊，放入冰箱冷藏；

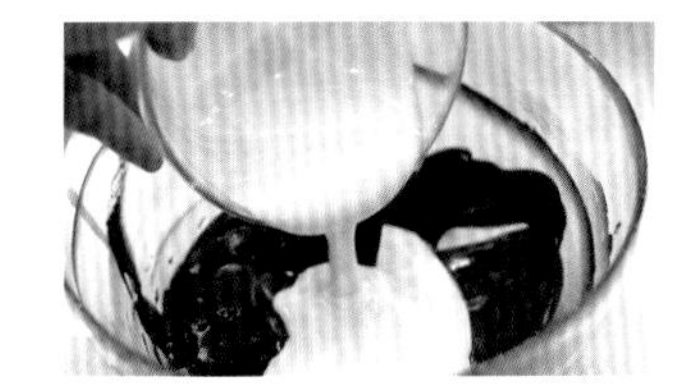

12 剩余的一份白色芝士糊倒入巧克力酱中，加入100克鲜奶和10克细砂糖，混合成光滑的巧克力芝士酱；

13 巧克力芝士酱均匀浇到冰箱取出的慕斯杯中，再放入冰箱冷藏3小时以上；

14 取出后撒上可可粉即可。

温馨贴士

步骤12的操作过程，巧克力芝士酱有可能出现油水分离的颗粒状，只要继续隔热水加热就能变得丝滑柔顺。

材料

提拉米苏

难易度 ★★★☆☆
准备时间 30分钟
模具 6寸慕斯圈1个

材料			
马斯卡朋芝士	250克	蛋黄	2个
清水	75克	淡奶油	150克
细砂糖	50克	吉利丁	2片
咖啡	50克	甘露酒	10克
可可粉及手指饼	适量		

温馨贴士

和其他需要慕斯圈制作的慕斯蛋糕一样，芝士糊必需隔着冷水搅拌至浓稠再倒入慕斯圈，这样才不会从圈底溢出，里面的手指饼也不会浮起来。

举一反三

提拉米苏杯蛋糕

这是传统做法的提拉米苏，配方为：马斯卡朋芝士250克，蛋黄3个，蛋清2个，细砂糖50克，吉利丁2片（可以不用），咖啡、甘露酒、可可粉、手指饼各适量。制作过程中用蛋清打发成蛋白霜后代替现代版中的淡奶油即可。除了用杯子，还可以更传统地用大深盘来装提拉米苏（详见视频）。

制作过程（配有视频）

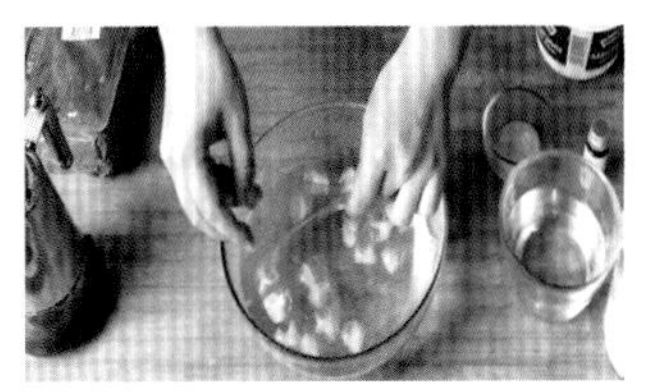

01 吉利丁放入冰水中泡软；

02 清水和45克细砂糖加热至即将沸腾，关火后趁热加入蛋黄混合均匀；

03 趁热加入泡软的吉利丁混合融化；

04 加入马斯卡朋芝士，搅拌成光滑细腻的芝士糊；

05 另取一个干燥的容器，倒入淡奶油和30克细砂糖；

06 电动打蛋器低速打至7成发，大约需3分钟；

07 取1/3的淡奶油加入芝士糊中，翻拌均匀；

08 再加入剩下的淡奶油，拌匀；

09 如果芝士糊太稀，可取一个冰水盆，把芝士糊放在上面；搅拌约10分钟，变成浓稠的提拉米苏芝士糊；

10 盘中放入甘露酒和咖啡的混合液，手指饼在里面打个滚就拿出；

11 手指饼排入慕斯圈内，不要碰到模边；

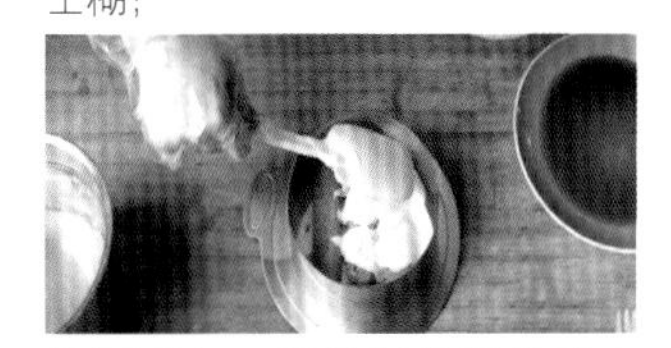

12 轻轻舀入一半的提拉米苏芝士糊，从边上开始填；

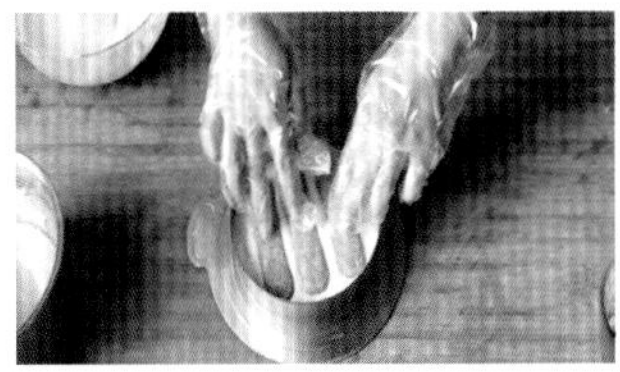

13 抹平芝士糊，再对照底层的排列铺入三条蘸了咖啡酒的手指饼；

14 再把剩余的提拉米苏芝士糊均匀盖上去；

15 用抹刀抹平表面，放入冰箱冷藏2小时以上；

16 从冰箱取出提拉米苏，均匀筛上可可粉；

17 用电吹风热风吹或用热毛巾热敷慕斯圈一周，1~2分钟后即可轻松脱模；

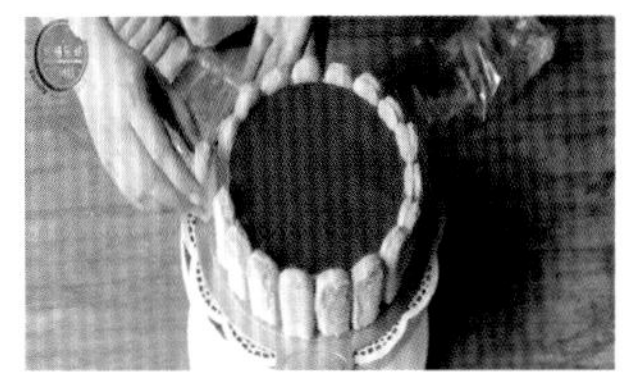

18 手指饼对半掰断，粘到提拉米苏侧面一周，绑上丝带即可。

派·塔·曲奇·点心

可可挤花曲奇

难易度	★★☆☆☆
准备时间	20分钟
烘焙参数	180℃ 15分钟
工具	中号8齿裱花嘴

材料

低筋面粉	75克	无盐黄油	65克
糖粉	30克	鸡蛋	25克
可可粉	8克		

制作过程（配有视频）

01 无盐黄油切小块，在室温下软化；

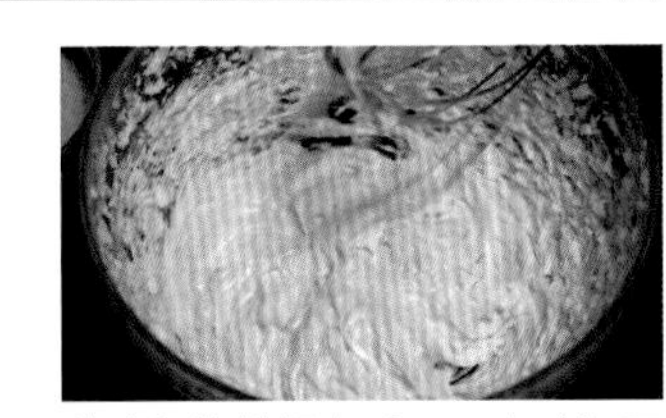

02 黄油与糖粉混合后，用电动打蛋器打发至泛白成牛油霜；

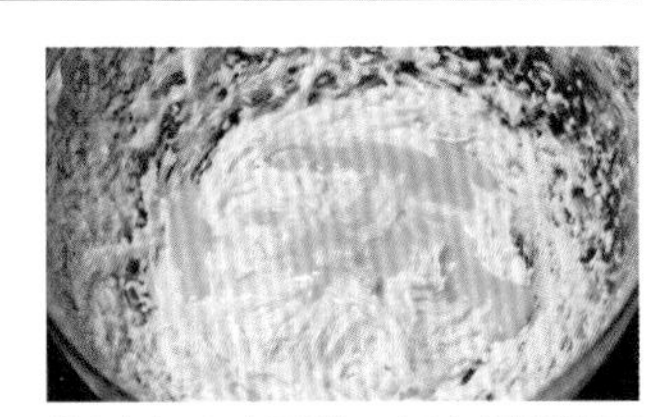

03 分3次加入全蛋液，每次都要等蛋液和黄油充分混合均匀后，再加下一次；

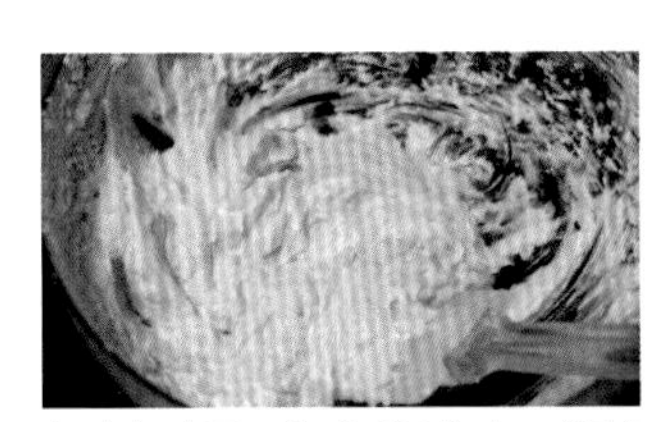

04 这时牛油霜已经蓬发2倍大，很蓬松的状态；

05 筛入低筋面粉；

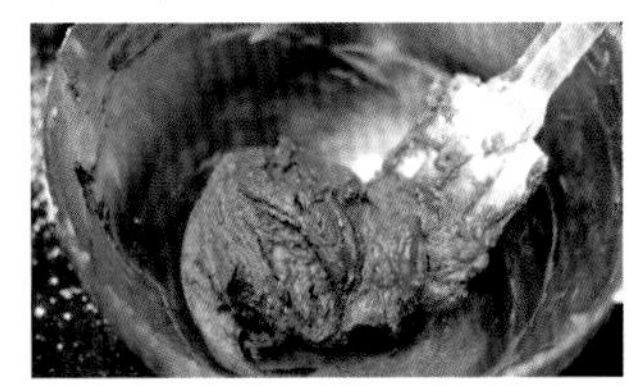

06 再筛入可可粉，轻轻翻拌成曲奇面糊；

07 裱花袋套上裱花嘴，把曲奇面糊装入裱花袋中；

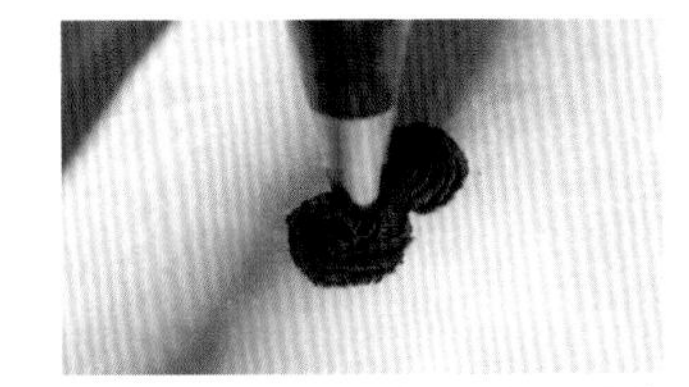

08 烤盘里铺上高温布，在上面均匀、间隔地挤出曲奇；

09 放入180℃预热好的烤箱中层，上下火同温烘焙15分钟即可。

材料

温馨贴士

挤曲奇的时候，要一边挤一边用手腕缓慢地划圈，曲奇才饱满，纹路才清晰。不要扯着曲奇走，那样会出现锯齿纹路，且曲奇的粗细不均匀。

冬天挤曲奇必须用布的裱花袋，裱花袋才不容易被挤爆。

举一反三

香草挤花曲奇

可可粉换成4滴香草精油，并在步骤05之前添加混合；

抹茶挤花曲奇

在步骤06，用抹茶粉替换可可粉添加即可（详见视频）。

印模曲奇

难易度	★☆☆☆☆
准备时间	20分钟
烘焙参数	170℃ 15分钟
工具	各种形状的饼干印模

材料				
	无盐黄油	50克	糖粉	40克
	鸡蛋液	25克	低筋面粉	100克
	盐	1/8茶匙		

制作过程（配有视频）

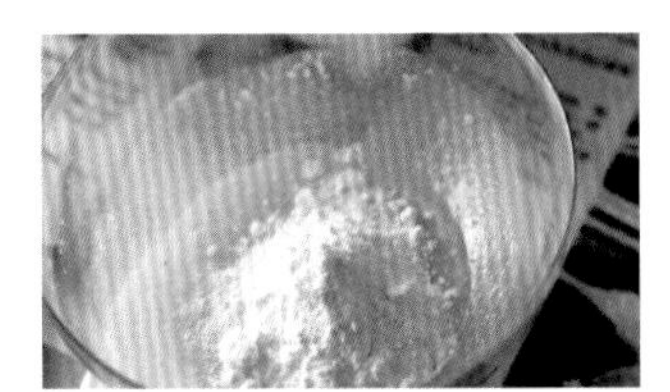

01 黄油室温软化后加入糖粉；

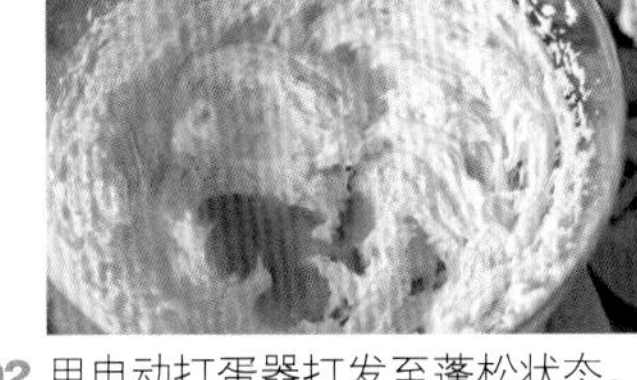

02 用电动打蛋器打发至蓬松状态，分3次加入鸡蛋液成黄油糊；

03 打发至黄油糊变得泛白蓬松，筛入低筋面粉和盐；

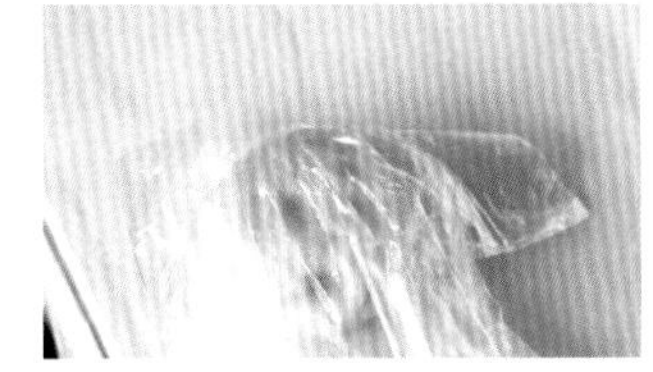

04 揉成面团后装进大保鲜膜；

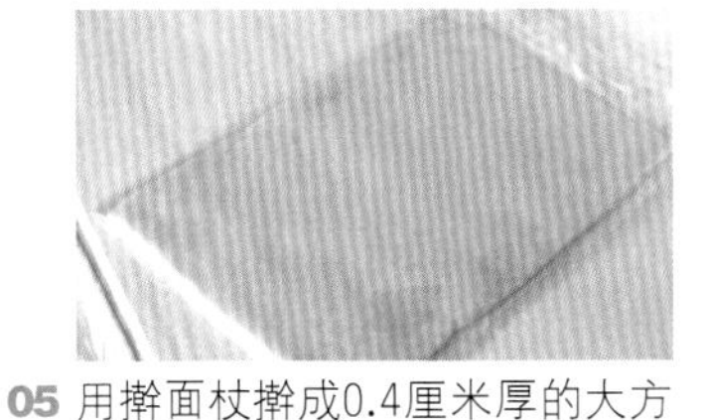

05 用擀面杖擀成0.4厘米厚的大方片，平放入烤盘，放入冰箱冷藏30分钟；

06 取出后剪开保鲜膜，用饼干模印制出漂亮的曲奇造型；

07 放进垫有高温布的烤盘内，留少许间隔；

08 放入170℃预热好的烤箱中层，上下火同温烤15分钟即可。

举一反三

棋格曲奇

印模剩下的面团取一半加入5~10克可可粉，揉搓成巧克力色的曲奇面团，两种颜色的面团分别擀成0.5厘米厚的曲奇片，叠在一起后切成条，再错色叠加成马赛克的曲奇条，用薄面皮包住后，冷冻1小时切成0.4厘米厚的曲奇片，放入烤箱，170℃烘焙15分钟即可（详见视频）。

双色卷曲奇

和棋格曲奇一样，印模剩下的面团取一半加入5~10克可可粉，揉搓成巧克力色的曲奇面团，两种颜色的面团分别擀成0.5厘米厚的曲奇片，叠在一起后卷起来，冷冻1小时切成0.4厘米厚的曲奇片，放入烤箱，170℃烘焙15分钟即可。

温馨贴士

印模前，饼干模可以先沾上一些干粉，这样印饼干时不会粘住。

蔓越莓切割曲奇

难易度	★☆☆☆☆
准备时间	20分钟
烘焙参数	180℃ 15分钟
工具	饼干木盒

材料

无盐黄油	130克	低筋面粉	200克
糖粉	90克	鸡蛋	1个
蔓越莓干	70克		

制作过程

01 黄油室温软化后加入糖粉；

02 用打蛋器打发至蓬松状态；

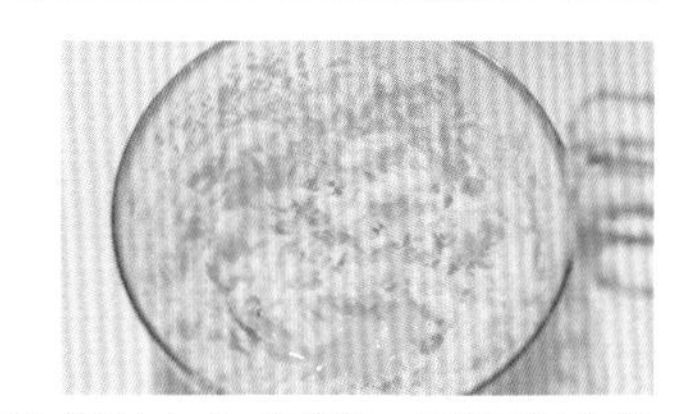

03 分3次加入鸡蛋液，打发至泛白蓬松；

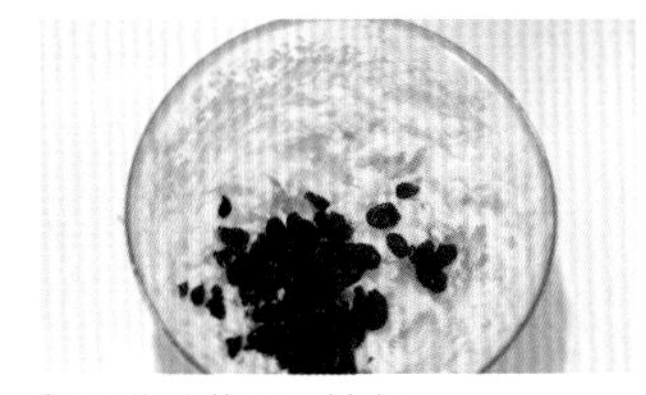

04 倒入蔓越莓干，拌匀；

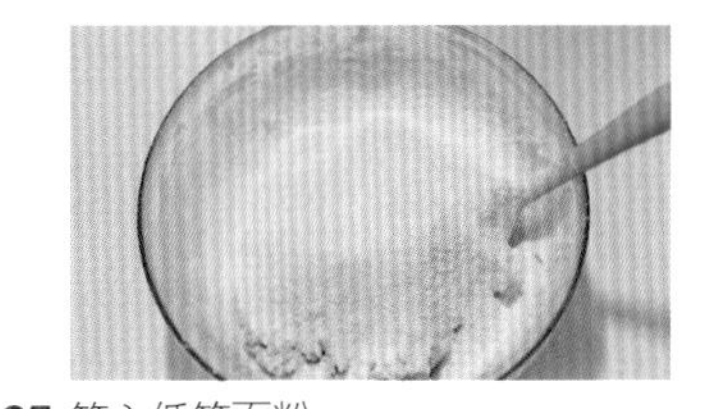

05 筛入低筋面粉；

06 拌成柔软的曲奇面糊待用；

07 在饼干木盒中铺入一张保鲜膜；

08 装入曲奇面糊，用保鲜膜包住，压实整形，可以反过来再压一次，会更加紧密；

09 放入冰箱冷冻2小时后取出，曲奇面糊已经变硬定型；

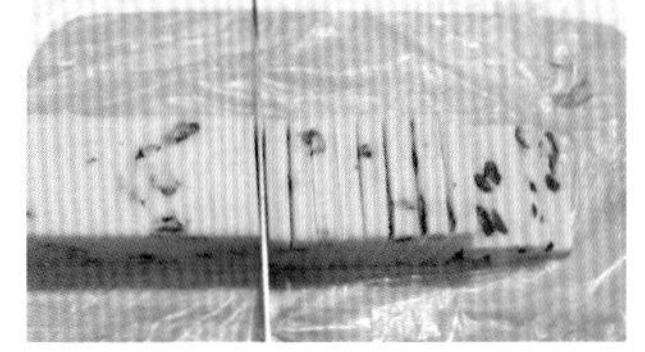

10 撕开保鲜膜后切成0.4厘米厚的曲奇片；

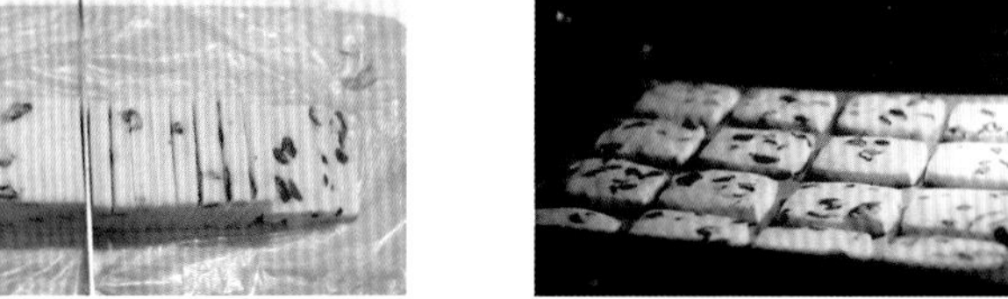

11 平铺入烤盘，放入180℃预热好的烤箱中层，上下火同温烘焙15分钟即可。

举一反三

抹茶杏仁曲奇

低筋面粉95克、无盐黄油65克、糖粉50克、鸡蛋液35克、杏仁片40克、抹茶粉5克，按照上面的步骤，在步骤04中用杏仁片代替蔓越莓，在步骤05中添加抹茶粉，其他步骤相同。

咖啡坚果曲奇

低筋面粉150克、糖粉50克、无盐黄油100克、咖啡20克、坚果40克，按照上面的步骤，在步骤04中用咖啡和坚果替换蔓越莓，其他步骤相同。

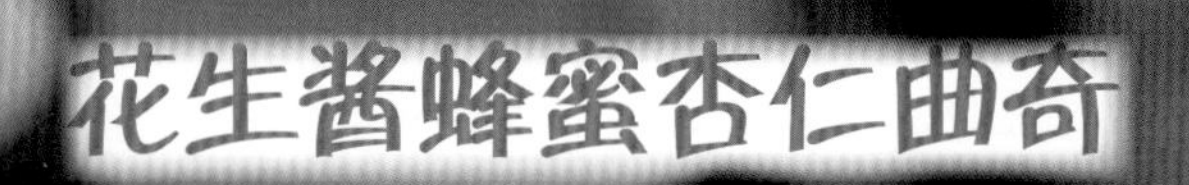

难易度	★☆☆☆☆
准备时间	20分钟
烘焙参数	180℃ 15分钟
工具	饼干木盒

材料

无盐黄油	35克	蜂蜜	30克
低筋面粉	60克	杏仁粉	60克
花生酱	45克		

制作过程

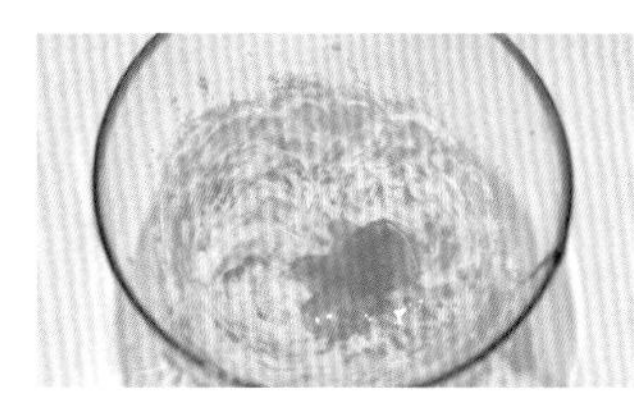

01 黄油室温软化后加入蜂蜜，用打蛋器打发至蓬松状态；

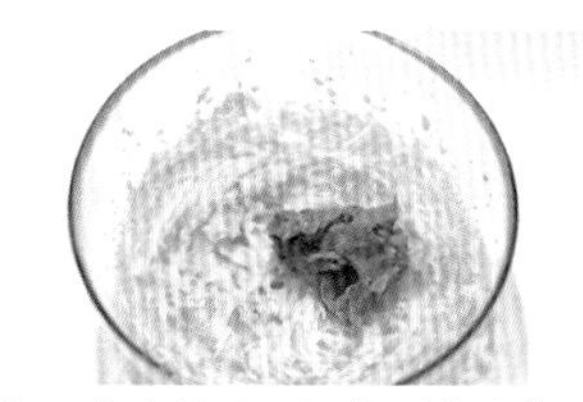

02 加入花生酱（用颗粒型花生酱更好），继续用打蛋器打发均匀；

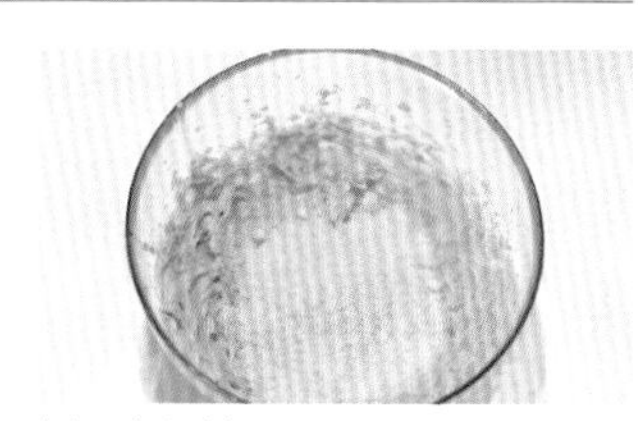

03 倒入杏仁粉；

04 搅拌成糊；

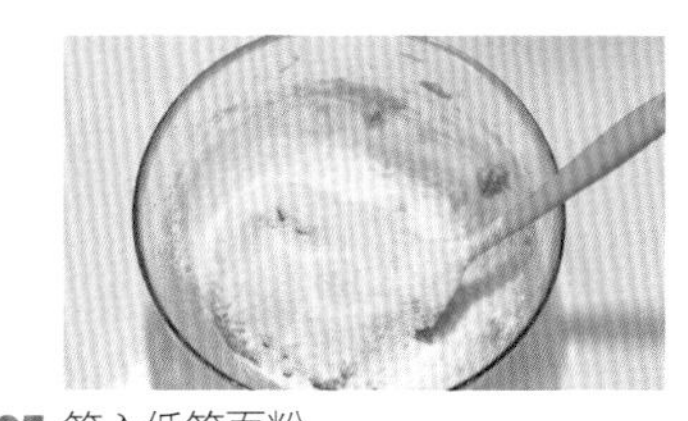

05 筛入低筋面粉；

06 翻拌成软软的曲奇面团；

07 在饼干木盒中铺一张保鲜膜，装入曲奇面团后用保鲜膜包住，压实整形；

08 放入冰箱冷冻1小时后取出，曲奇面团已经变硬定型；

09 撕开保鲜膜后，曲奇面团切成0.4厘米厚的曲奇片；

10 铺入烤盘后，放入180℃预热好的烤箱中层，上下火同温烘焙15分钟即可。

材料

举一反三

抹茶花生酱曲奇

低筋面粉100克、无盐黄油65克、糖粉45克、鸡蛋液30克、抹茶粉10克、颗粒型花生酱40克，按照上面的步骤，抹茶粉在步骤05时和面粉一起过筛添加，花生酱在步骤06时添加混匀，然后包入保鲜膜中，搓成圆形长条冷冻1小时，取出后切片，其他相同。

海苔小薄片

难易度	★☆☆☆☆
准备时间	10分钟
烘焙参数	170℃ 15分钟
分量	9片

材料			
低筋面粉	40克	无盐黄油	30克
蛋黄	1个	糖粉	20克
香草精油	5滴	鲜奶	10克
无铝泡打粉	1/4茶匙	海苔粉	2克

制作过程

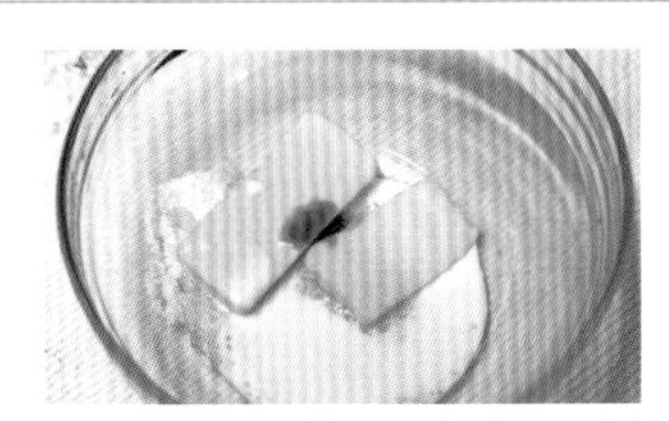

01 无盐黄油、糖粉、香草精油、鲜奶全部倒入大容器；

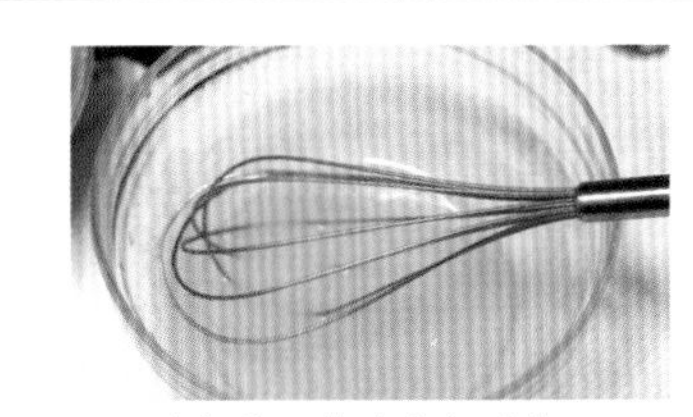

02 隔温水加热至黄油全部融化；

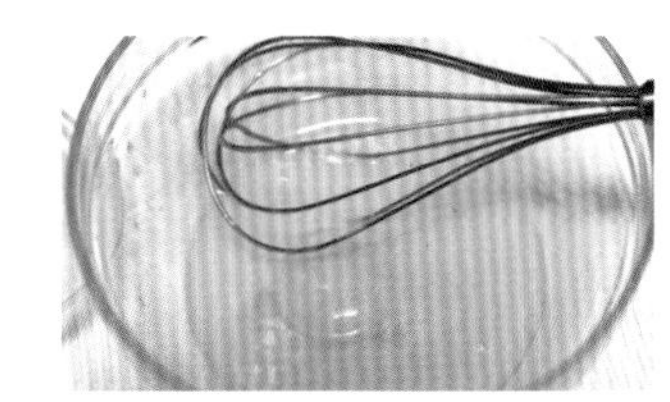

03 降温后加入蛋黄轻轻混合，避免气泡；

04 筛入低筋面粉和泡打粉；

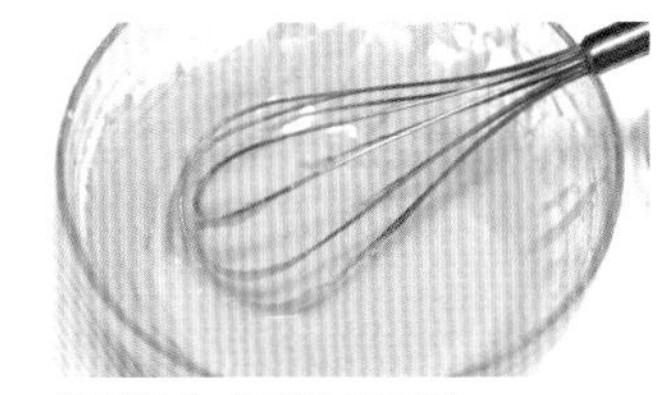

05 轻手混合成光滑的面糊；

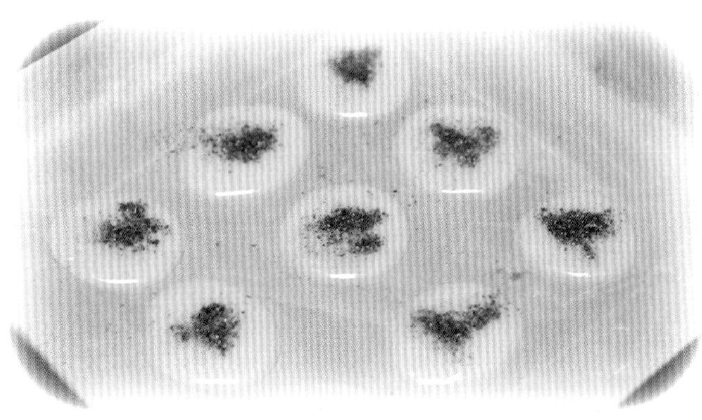

06 用勺子取适量面糊，倒在铺了高温布的烤盘上，待面糊摊薄后撒上适量海苔；放入170℃预热好的烤箱中层，烘焙15分钟即可。

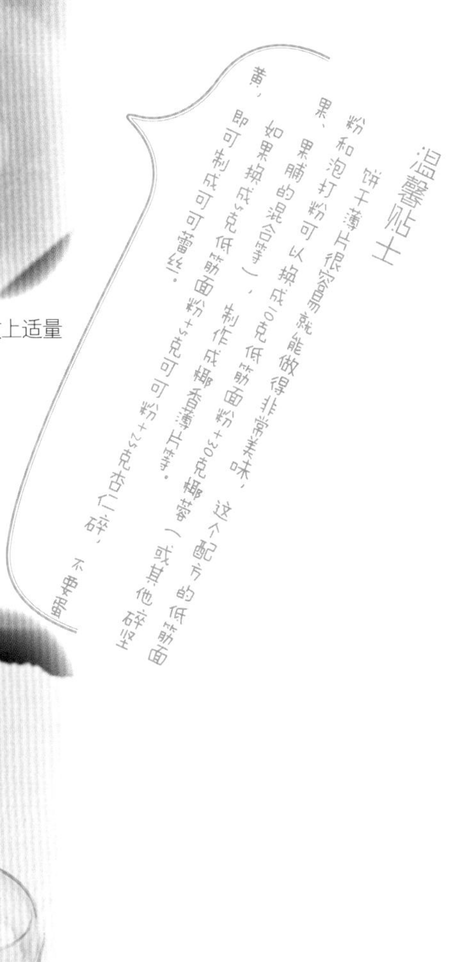

材料

红糖肉桂美式软饼

难易度	★★☆☆☆
准备时间	20分钟
烘焙参数	170℃ 20分钟
分量	9~12个
材料	低筋面粉 150克　无盐黄油 80克

红糖粉	70克	鸡蛋	1个
奶油芝士	50克	肉桂粉	1/2茶匙
无铝泡打粉	1/4茶匙	小苏打	1/4茶匙
高温巧克力豆	50克	香草精油	5滴
熟白芝麻	20克		

制作过程

01 黄油和奶油芝士切丁，室温下软化；

02 用打蛋器高速打发至蓬松泛白，约需1分钟；

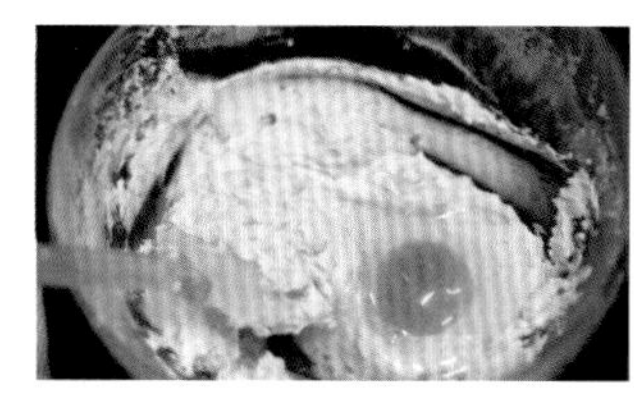

03 加入鸡蛋充分搅拌混合；

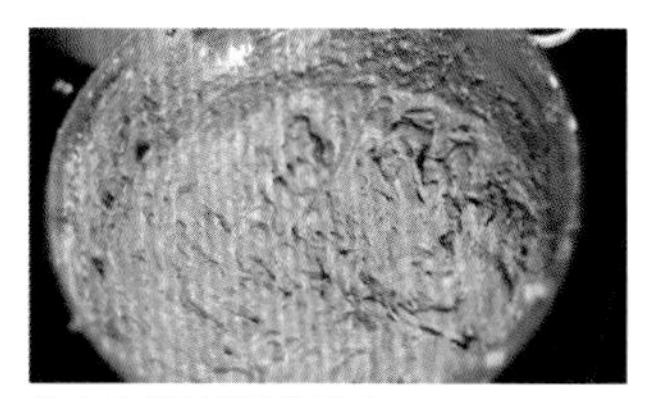

04 筛入红糖粉混合均匀；

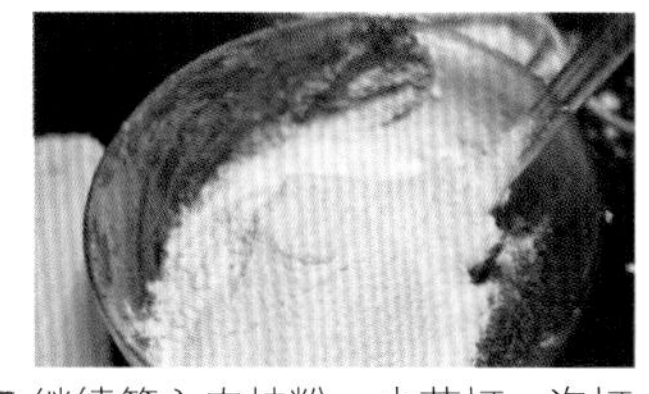

05 继续筛入肉桂粉、小苏打、泡打粉、低筋面粉，翻拌混合；

06 最后加入白芝麻和大部分的高温巧克力豆；

07 轻轻混合均匀后盖上保鲜膜，放入冰箱冷藏30分钟；

08 冷藏好的面团均分成9~12份，搓圆后放到铺了高温布的烤盘中，压平、点缀上剩余的巧克力豆；

09 放入170℃预热好的烤箱中层，烘焙20分钟，关火后继续用余温焖10分钟即可。

温馨贴士

配方中的肉桂粉和巧克力豆可以根据喜好选择是否添加，不影响软饼的制作。

材料

玻璃饼干

难易度	★★☆☆☆
准备时间	20分钟
烘焙参数	150~170℃ 20分钟
工具	大、小饼干印模

材料

低筋面粉	90克	奶粉	35克
无盐黄油	70克	蛋液	25克
糖粉	20克	盐	1/4茶匙
硬质水果糖	适量		

制作过程

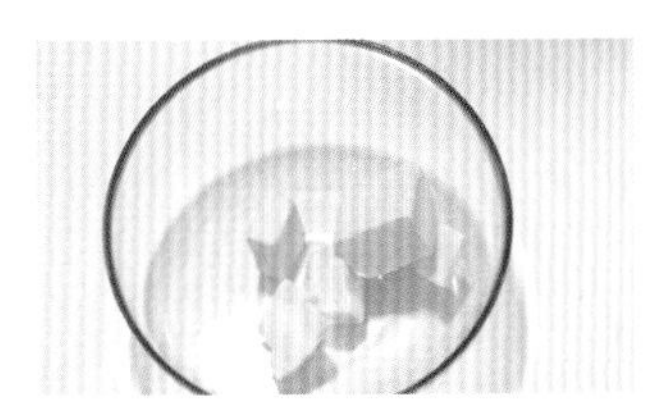

01 黄油室温软化；

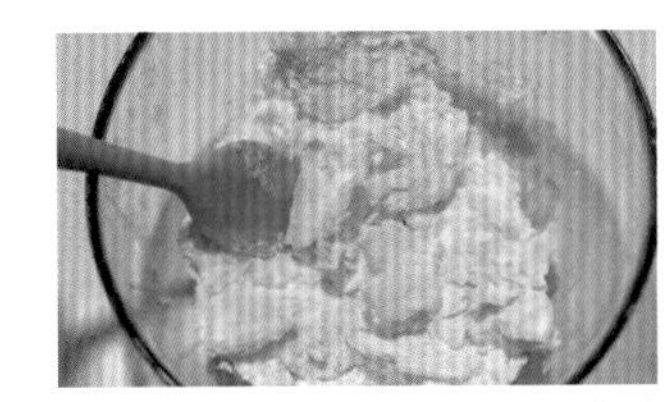

02 加入糖粉稍拌一下，避免打发时糖粉飞溅；

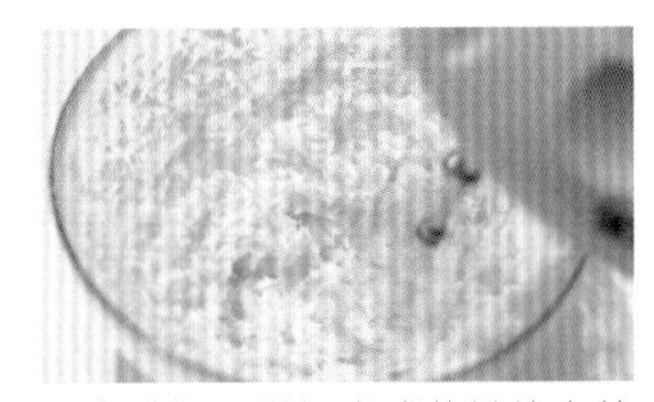

03 用电动打蛋器打发成蓬松状态的黄油糊；

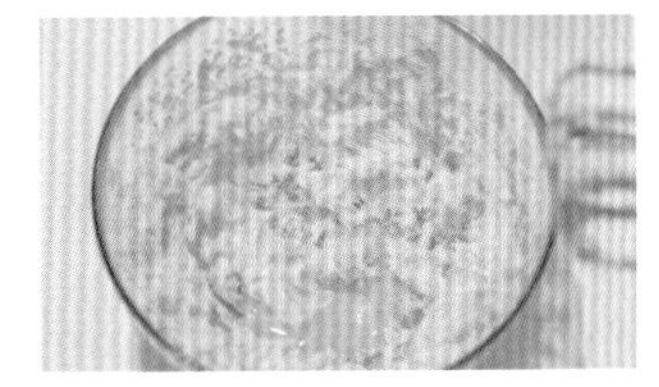

04 分3次加入鸡蛋液，打发至黄油糊变得泛白且更加蓬松；

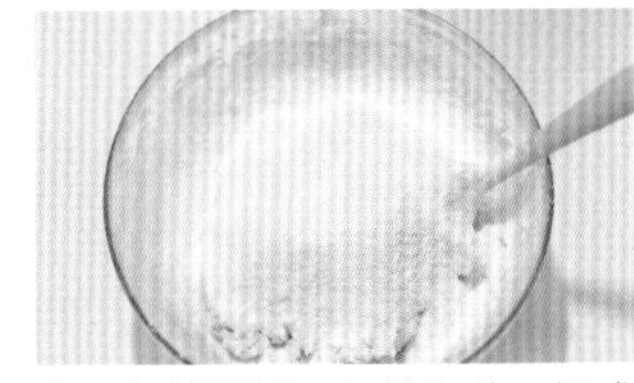

05 筛入低筋面粉、奶粉和盐，揉成曲奇面团；

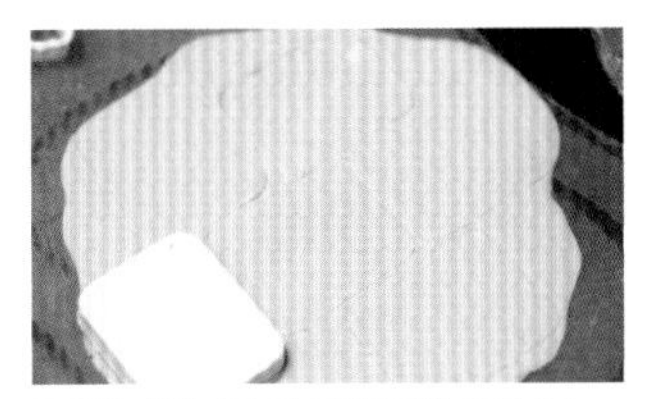

06 把面团擀成0.3厘米厚的曲奇片，入冰箱冷藏10分钟后取出，印大模；

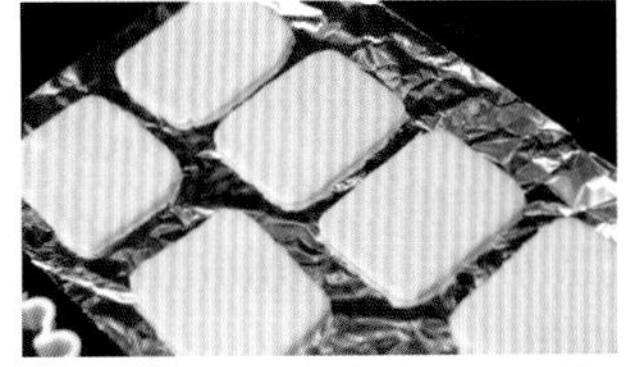

07 印好的曲奇片移到锡纸上，继续冷藏10分钟取出；

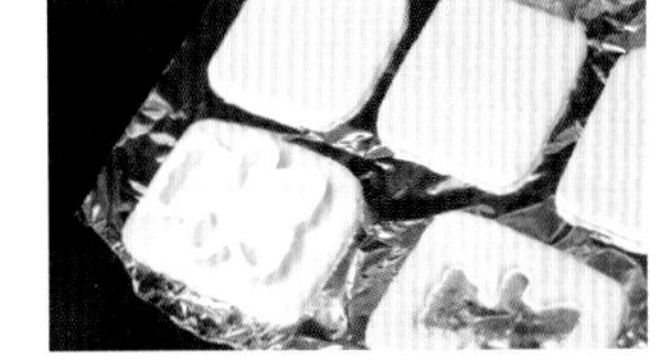

08 用小模在曲奇片中心印出形状，挖成空心；

09 挖好的曲奇片放入170℃预热好的烤箱，烘焙10分钟后取出；

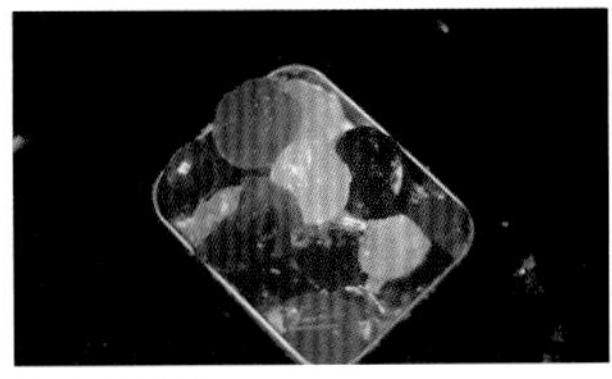

10 敲碎水果糖；

11 水果糖碎填入曲奇片的空心中；

举一反三

曲奇片中心除了水果糖碎（如图），也可用另一种颜色的曲奇碎来填充。

12 再放入烤箱中层，上下火150℃烘焙10分钟即可。

温馨贴士

步骤02适用于所有需要糖粉与黄油一起打发的曲奇，为的是避免糖粉飞溅。

这款曲奇在制作时容易软化，请放入冰箱变硬定型后，再取出进行余下的操作。

手指饼

难易度	★★☆☆☆
准备时间	30分钟
烘焙参数	200℃ 10分钟
工具	大号圆形裱花嘴、裱花袋

材料			
蛋黄	2个	蛋清	2个
细砂糖	50克	低筋面粉	35克
生粉	15克	香草精油	4滴

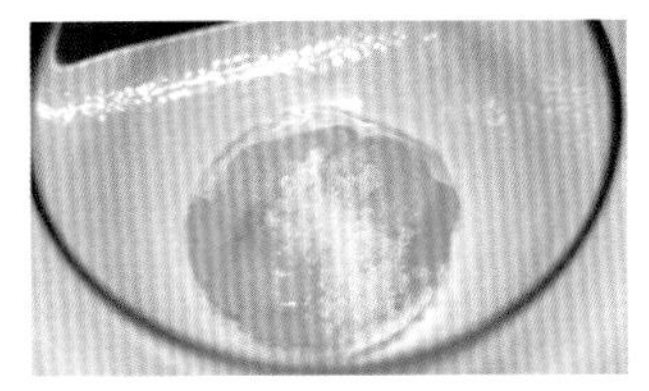

01 蛋黄与10克细砂糖混合后，用打蛋器打发；

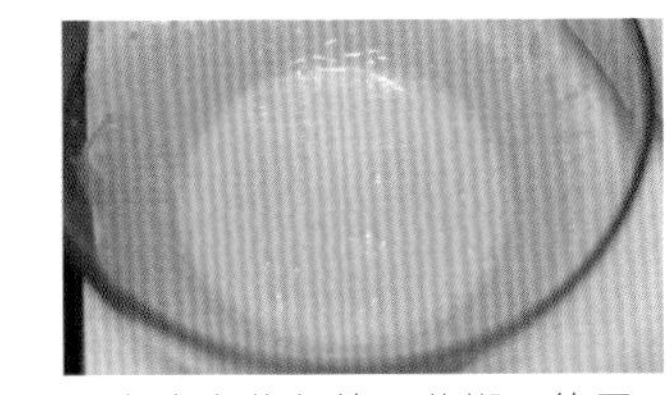

02 打发成浅黄色的蛋黄糊，约需1分钟；

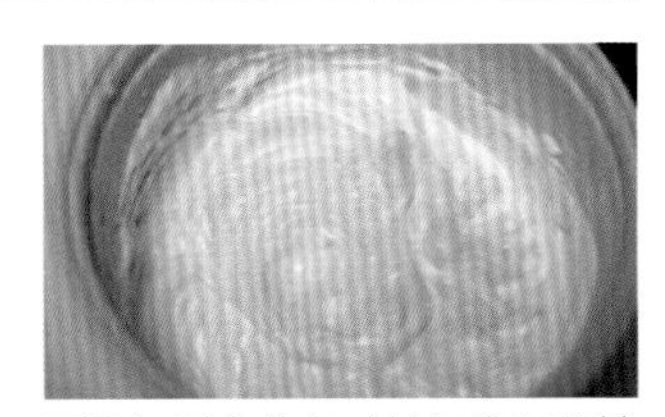

03 蛋清与剩余的细砂糖打发至硬性发泡（详见第011页）的蛋白霜；

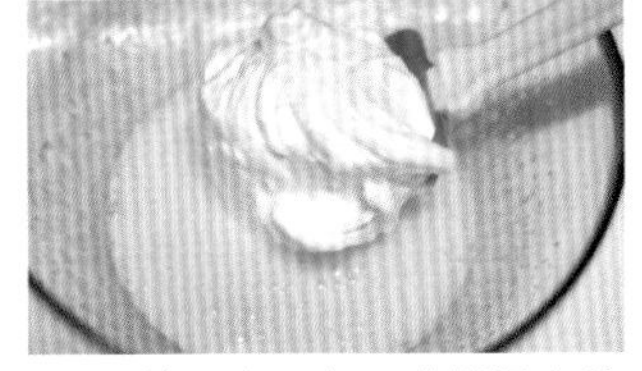

04 取1/3的蛋白霜与蛋黄糊混合均匀；

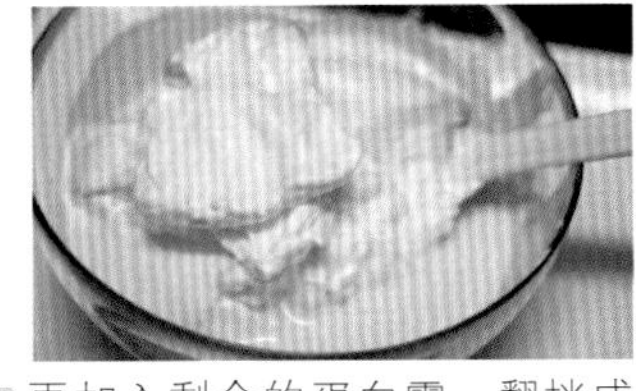

05 再加入剩余的蛋白霜，翻拌成糊；

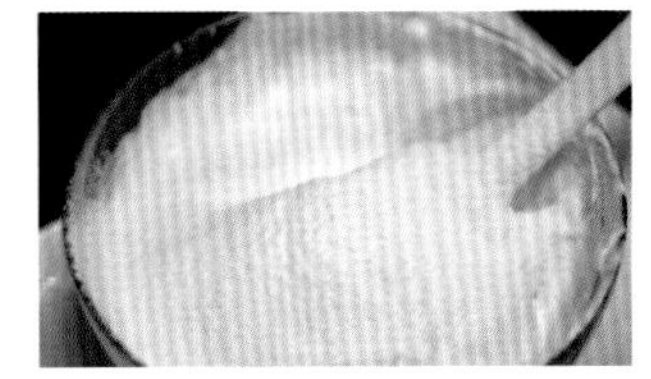

06 筛入低筋面粉和生粉，缓慢翻拌均匀（避免蛋清消泡）成蛋糕糊；

07 蛋糕糊装入裱花袋里，配上大号圆形裱花嘴；

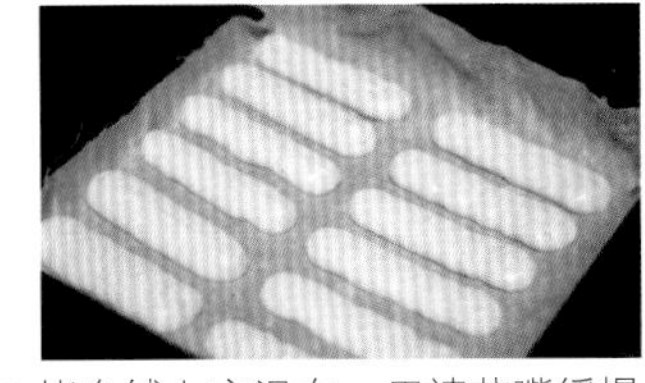

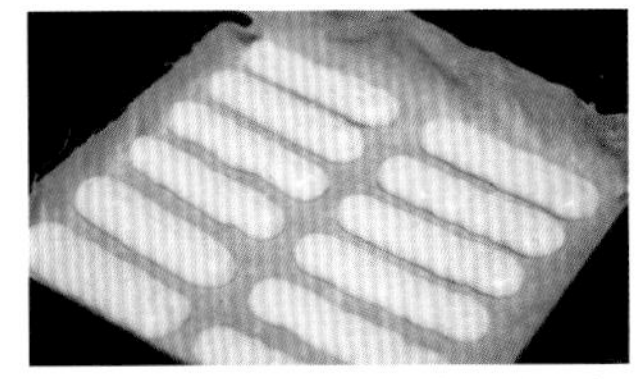

08 烤盘铺上高温布，用裱花嘴缓慢挤出条形的手指饼，间隔3厘米以上，均匀分布在烤盘里；

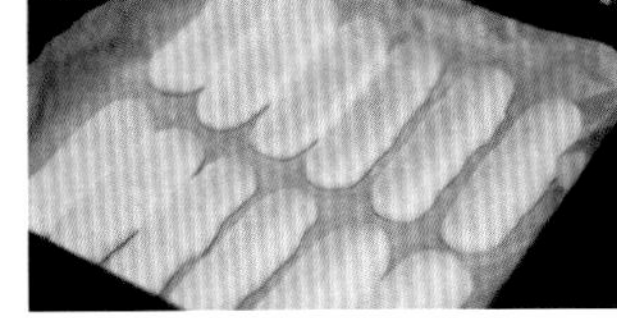

09 放入200℃预热好的烤箱中层，上下同温火烘焙约10分钟即可。

温馨贴士

在烤盘中挤手指饼时，因为面糊有流动性，会慢慢摊开变薄，所以可以往返挤2~3层，做出的手指饼会比较浑厚饱满。

材料

杏仁芝士挞

难易度 ★★☆☆☆

准备时间 30分钟

烘焙参数 175~185℃ 35分钟

工具 类8寸挞盘

材料

挞皮材料：低筋面粉 150克　无盐黄油 85克

芝士馅材料：杏仁粉 30克　糖粉 35克　奶油芝士 150克　鸡蛋 1个　蛋黄 1个　细砂糖 40克　淡奶油 100克

制作过程（配有视频）

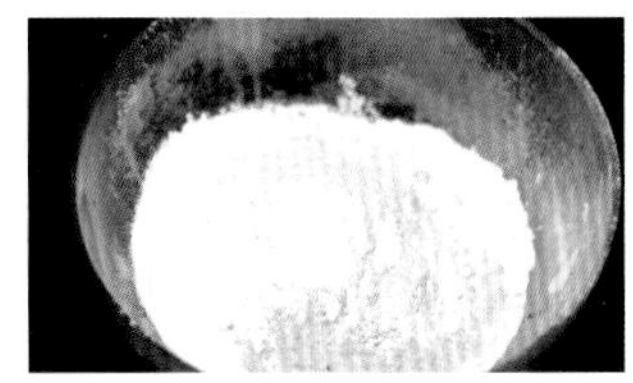

01 低筋面粉过筛，加入杏仁粉和糖粉，混合均匀；

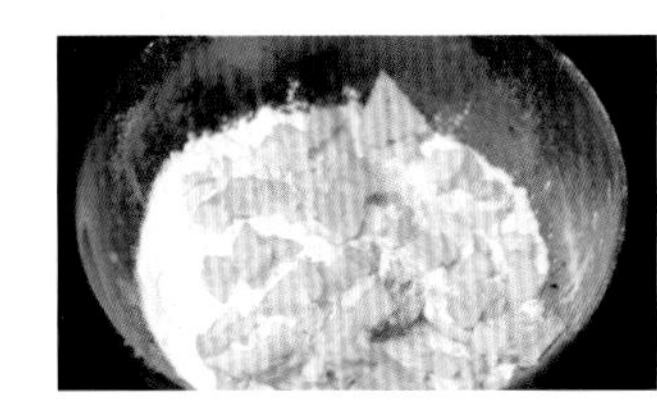

02 切入稍软化的黄油粒；

03 用手把黄油粒揉搓入面粉中；

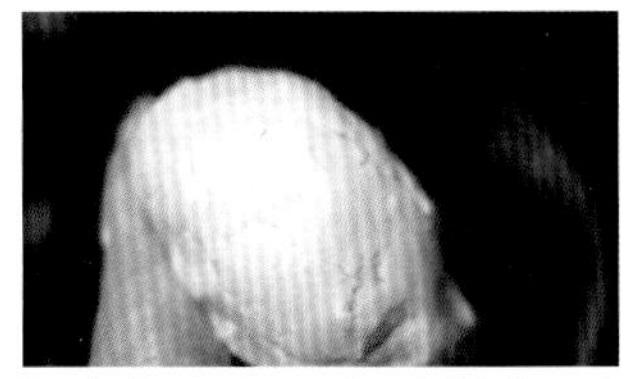

04 揉成甜酥面团，盖上保鲜膜，放入冰箱冷藏1小时；

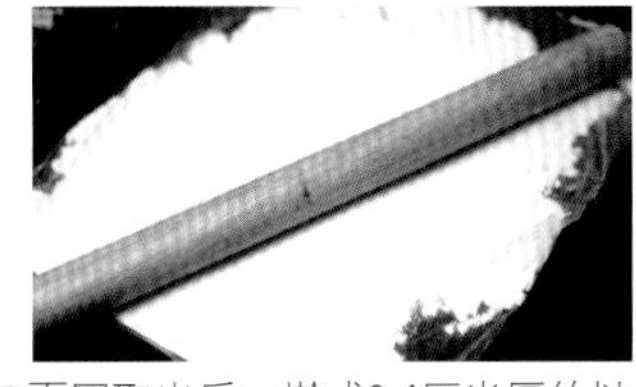

05 面团取出后，擀成0.4厘米厚的挞皮；

06 覆盖到挞盘上，用擀面杖切掉多余的挞皮；

07 捏好边，让挞皮和盘更服帖；

08 用餐叉戳出小孔透气，再放入冰箱冷藏30分钟；

09 冷藏好的饼底放入175℃预热好的烤箱中层，烘焙10分钟；

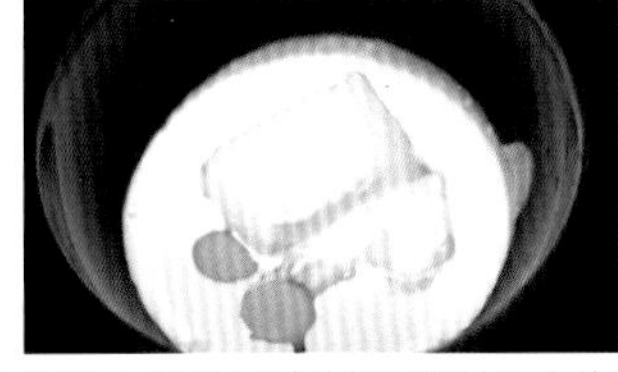

10 把芝士馅的所有材料都倒入大容器；

11 用搅拌器搅拌成光滑的芝士糊；

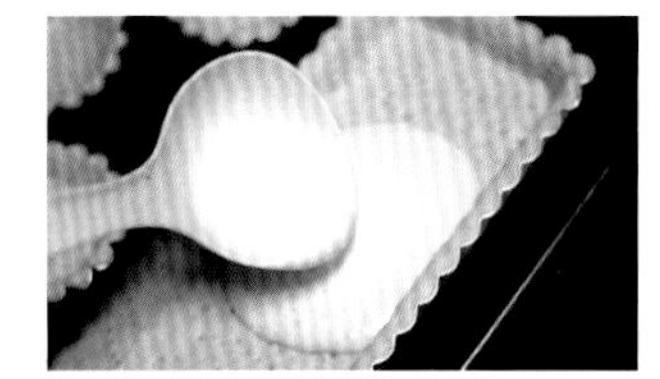

12 从烤箱取出饼底，倒入芝士糊至8成满；

13 再次放入烤箱，185℃烘焙约25分钟至表面金黄即可。

材料

温馨贴士

派和挞的饼底可以是一样的，但派的馅上面还会覆盖一层派皮，而挞只有饼底和馅。

这个挞皮采用的是甜酥面团的做法，挞皮稍微酥软一些，比不上基础的揉搓式油酥挞底松脆，但操作简单易上手。

通常制作挞都会有剩余的挞皮和馅料，可以用小一些的蛋挞盏接着做。

香蕉巧克力挞

难易度	★★☆☆☆
准备时间	30分钟
烘焙参数	160~170℃ 45分钟
工具	8寸挞盘

材料

材料	用量	材料	用量
低筋面粉	230克	无盐黄油	130克
蛋黄	1个	盐	1/4茶匙
鲜奶	40克	黑巧克力	60克
细砂糖	55克	淡奶油	50克
香蕉	1条	杏仁片	若干

制作过程

01 125克黄油切成1厘米左右的小粒，切的时候撒点面粉，就不会粘；

02 与180克低筋面粉一起放入冰箱冷冻30分钟；

03 把黄油粒搓入面粉中，达到绿豆大小待用；

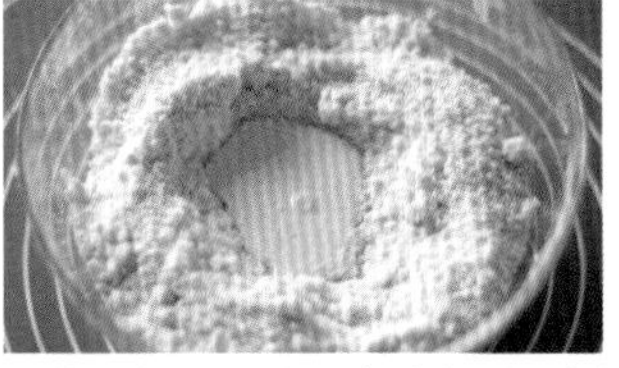

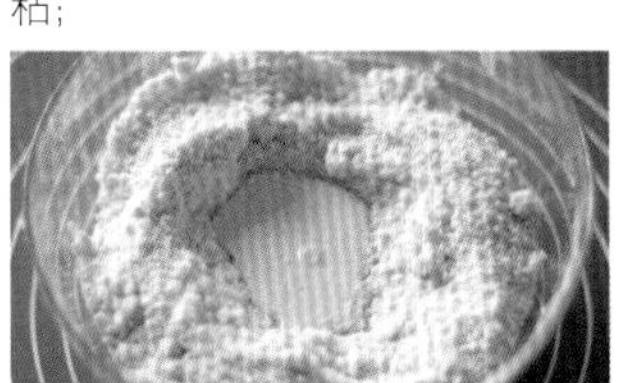

04 蛋黄、鲜奶和盐混合均匀后，倒入步骤03的材料中；

05 用刮板切拌成面团，包上保鲜膜，放入冰箱冷冻3小时；

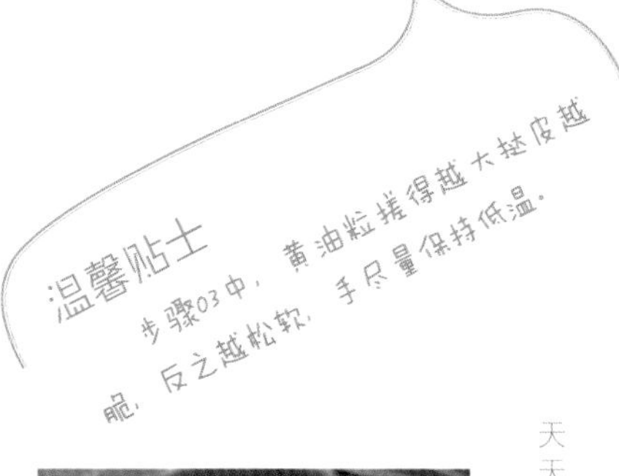

06 从冰箱取出面团，用擀面杖擀成0.4厘米厚的挞皮；

07 挞皮盖到挞盘上，用擀面杖切掉多余的挞皮；

08 手帮助整形，让挞皮和盘更服帖，然后用滚针在挞皮上戳孔；

09 挞皮放入170℃预热好的烤箱，烘焙20分钟；

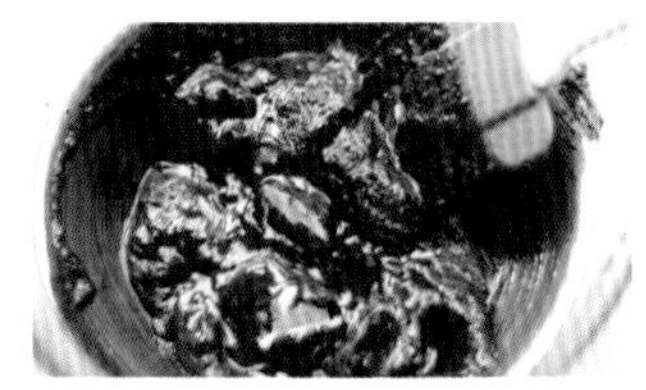

10 另取干净容器，装入巧克力、细砂糖及50克黄油，隔热水融化成巧克力酱；

11 巧克力酱中筛入60克低筋面粉，搅拌成巧克力糊；

12 再加入淡奶油，隔水混合均匀；

13 烤好的饼底中铺入切片香蕉；

14 浇上巧克力糊；

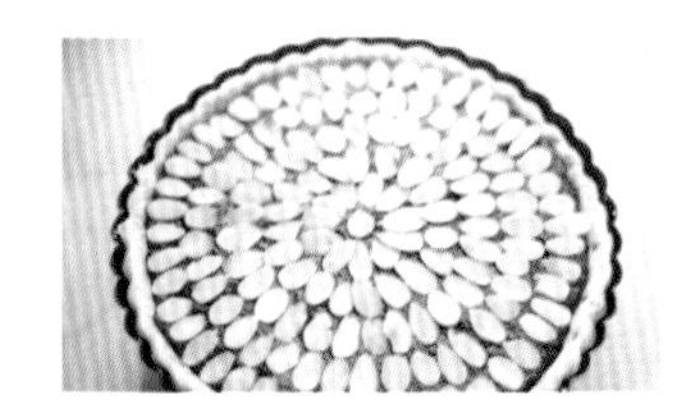

15 表面均匀铺上一层杏仁片；

16 放入烤箱中层，上火170℃、下火160℃，烘焙25分钟即可，吃的时候筛上少许糖粉。

材料

彩色马卡龙

难易度 ★☆☆☆☆

准备时间 50分钟

烘焙参数 175℃ 20分钟

工具 裱花袋

材料

杏仁粉 50克　糖粉 50克

细砂糖 50克　蛋清 1个

天然色素 适量

温馨贴士

若烤箱不能上、下管独立控温，可用一个空烤盘放下层挡住下火，马卡龙出现裙边后，再移到上层挡住上火，温度维持175℃不变，时间也一样。

夹馅可用奶油芝士分别加香草精油、淡奶油、巧克力酱、抹茶酱等等混合来制作，分量比例很随意，用其他不太甜的酱做夹心也可；

此方法制作的马卡龙较易出现裙边，对晾干皮的时间要求不严格，成功率高，出现的裙边通常是外卷型。

出现裙边后烘焙时间过长容易空心，时间太短就会粘底，所以控制好时间很重要。

制作过程（配有视频）

01 杏仁粉加糖粉放入搅拌器，搅拌成杏仁糖粉；

02 杏仁糖粉过筛待用；

03 蛋清与细砂糖倒入干燥的容器，打至8成发的蛋白霜；

04 杏仁糖粉中加入全部蛋白霜，彻底翻拌均匀；

05 拌成光滑油亮的杏仁蛋白霜；

06 杏仁蛋白霜装入4个装有圆形裱花嘴的裱花袋中，分别挤入天然色素混合上色；

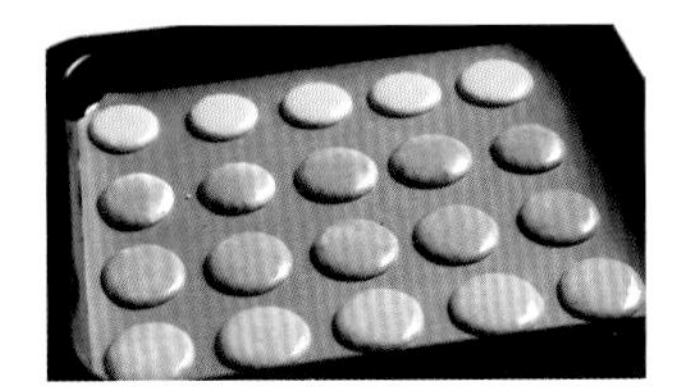

07 烤盘内铺上高温布，挤出2.5厘米直径的马卡龙，间隔至少3厘米，在烤盘下拍一拍，如果有气泡，可以用牙签挑破；

08 室温下静置15~45分钟，指腹轻触马卡龙表面，不粘手即可放入175℃预热好的烤箱中层；

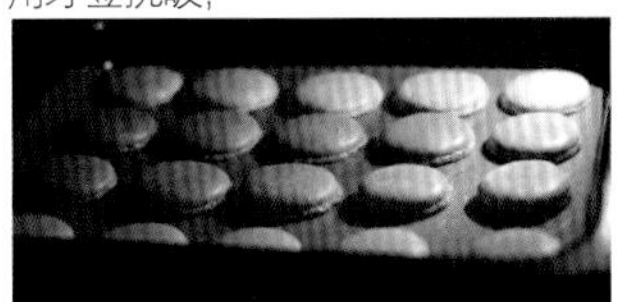

09 单上火，烘焙6~8分钟，出现大裙边后关闭上火；单下火，继续烘焙约12分钟出炉。

10 放凉后取下马卡龙，用喜欢的内馅夹心即可（图中是巧克力芝士酱）。

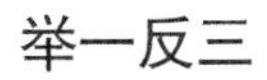

举一反三

竹炭马卡龙

在步骤04中，再添加1/8茶匙食用竹炭粉即可；步骤06只用一个裱花袋，无需再添加色素；夹心是纯奶油芝士。

红曲马卡龙

和竹炭马卡龙一样的步骤，添加1/4茶匙红曲粉即可，夹心是纯奶油芝士。

姜黄马卡龙

和竹炭马卡龙一样的步骤，添加1/4茶匙姜黄粉即可，夹心是黑巧克力酱。

马卡龙不空心

低糖马林糖

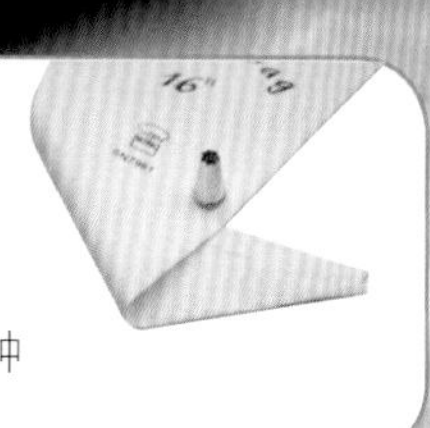

难易度 ★☆☆☆☆
准备时间 10分钟
烘焙参数 100℃ 60分钟

工具 裱花袋
材料 细砂糖 45克 蛋清 2个
柠檬汁 若干

制作过程

01 蛋清倒入干燥容器，滴入数滴柠檬汁；

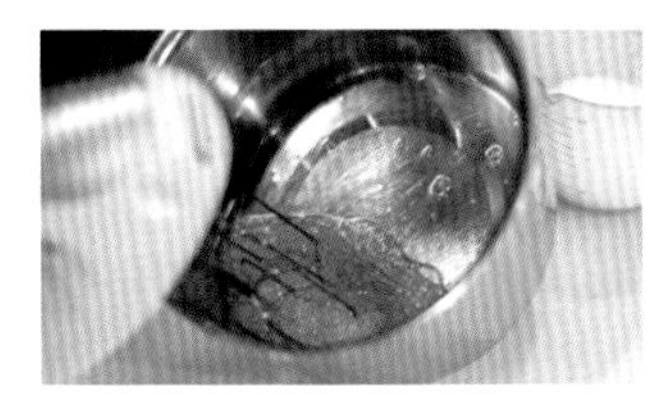

02 用电动打蛋器打发蛋清至起泡；

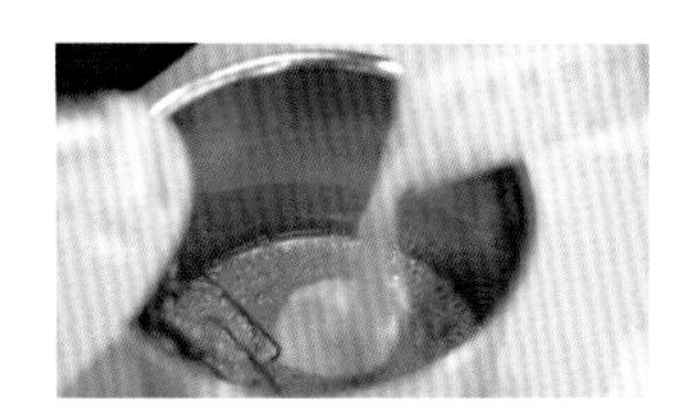

03 加入一半的细砂糖，再把起泡的蛋清打发到很细小的状态；

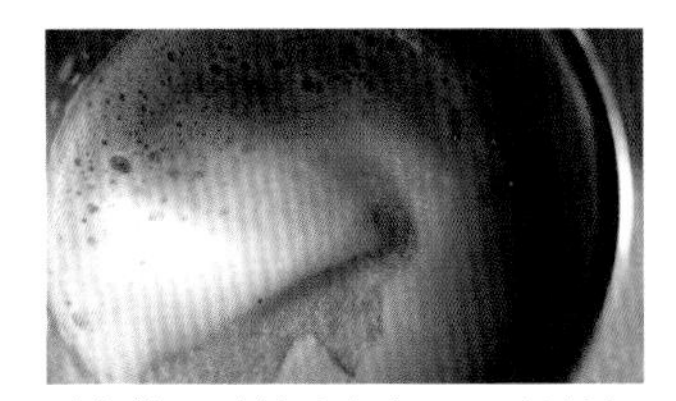

04 剩余的细砂糖全部加入，继续打发；

05 打发到倒转打蛋头，上面的蛋白霜尖尖稍微弯曲，达到湿性发泡状态；

06 装入裱花袋中，配8齿嘴或圆嘴；

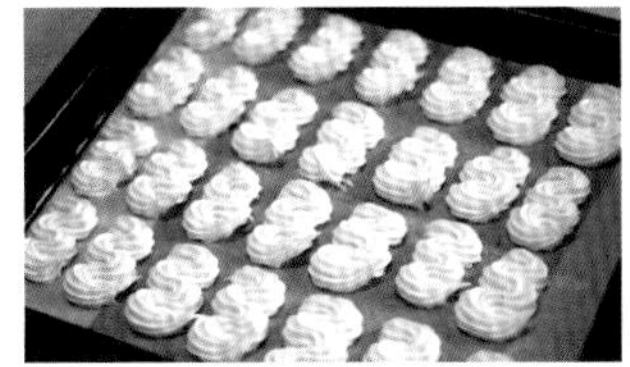

07 烤盘内铺入油纸，在上面挤出自己喜欢的马林糖形状，放入100℃预热好的烤箱中层，烘焙60分钟即可；

08 出炉放凉后从油纸上取下，装入密封的罐子里保存。

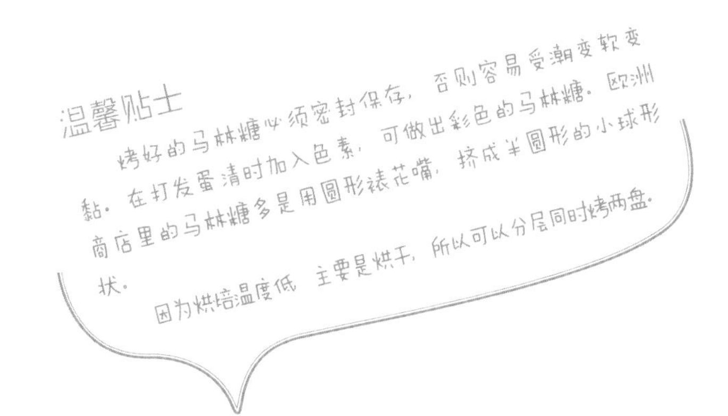

熊仔饼

难易度	★★★☆☆
准备时间	30分钟
烘焙参数	220℃ 6分钟
模具	烤盘

材料				
	中筋面粉	100克	酵母	2克
	鲜奶	50克	无盐黄油	15克
	细砂糖	10克	盐	1/8茶匙
	巧克力酱	适量		

温馨贴士

巧克力酱的做法见第049页。这个饼干有80%能够鼓胀就算是成功了。可以少量多次地烤，灵活把握温度。

01 鲜奶里加入酵母混合均匀；

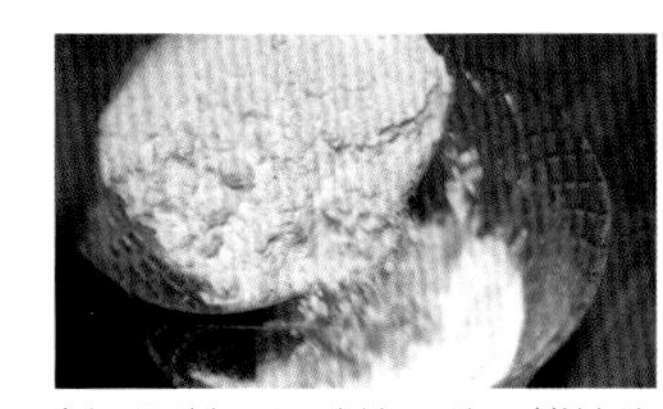

02 倒入面粉、细砂糖、盐，搅拌均匀；

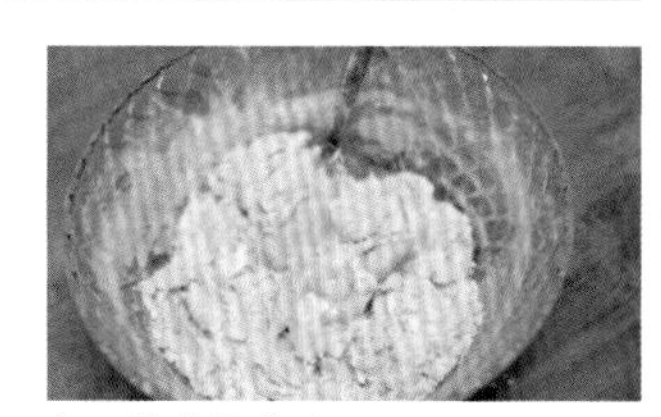

03 加入软化的黄油；

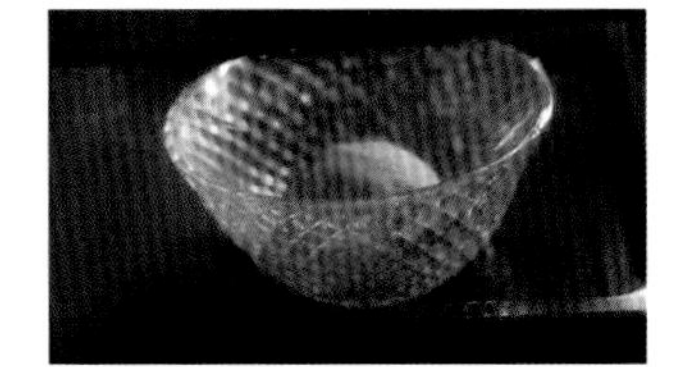

04 揉成光滑的面团，盖上保鲜膜，放入烤箱发酵2小时；

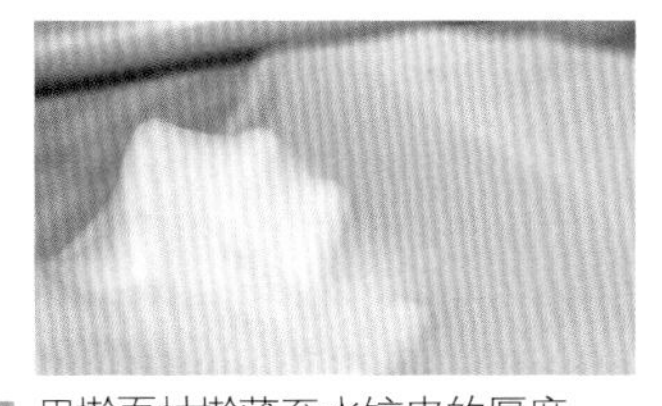

05 用擀面杖擀薄至水饺皮的厚度；

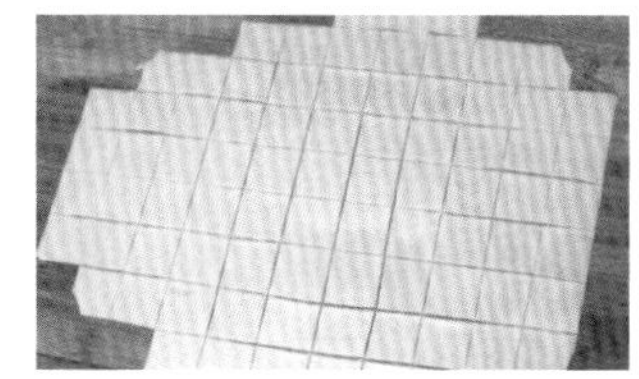

06 用刀切成约3厘米边长的方片；

07 找支新的描线毛笔（冲洗净），用少许可可粉（额外）加清水兑成可可汁；

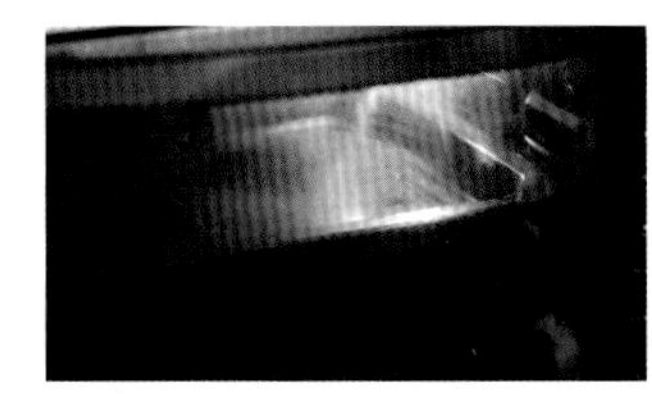

08 烤箱连同烤盘220℃预热；

09 用可可汁在饼干片上画出考拉图像或其他喜欢的图案；

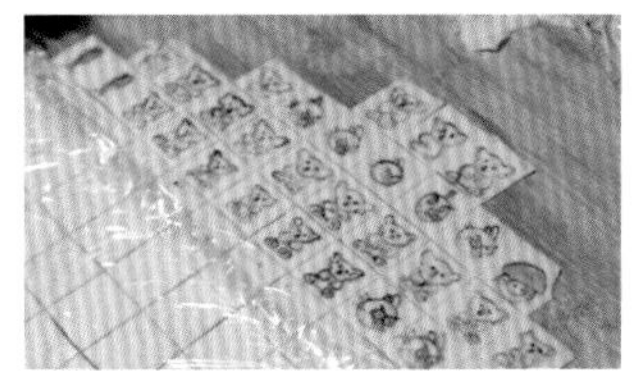

10 因为面片水分流失快，所以除了绘图的面片，其他都用保鲜膜盖着；

11 把画好的饼干放到油纸上，油纸下最好垫一块平板，方便把饼干移进烤盘；

12 打开烤箱，把饼干连同油纸移入烤盘中，迅速关上烤箱门，可以看到饼干马上就鼓胀起来；

13 烤大约2~3分钟即可，出炉后马上用竹签在饼干底部戳一个注射巧克力酱的孔；

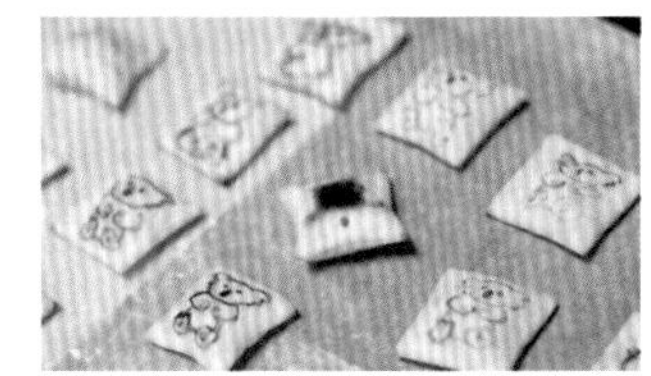

14 再全部放入烤箱烘焙1~2分钟，变金黄色即可出炉；

15 待饼干凉透，用裱花袋装上巧克力酱，从底部的孔注入即可。

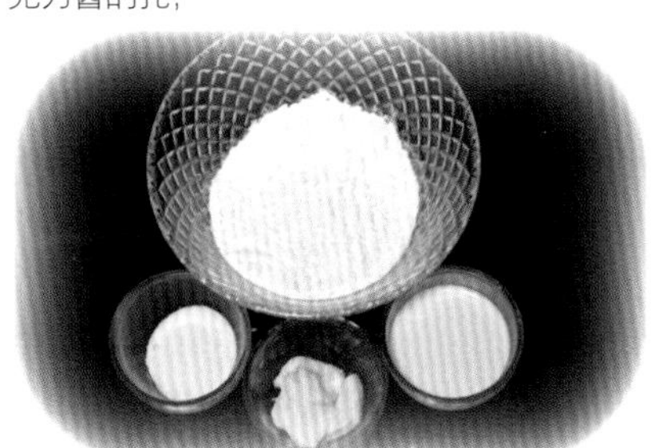

材料

凤梨酥

难易度 ★★★☆☆

准备时间 40分钟

烘焙参数 175℃ 15分钟

工具 凤梨模

材料

凤梨馅：冬瓜 1000克 菠萝（凤梨） 1个

细砂糖 50克 糖桂花（或麦芽糖） 60克

酥皮：低筋面粉 90克 奶粉 35克

无盐黄油 70克 鸡蛋液 25克

糖粉 20克 盐 1/4茶匙

制作过程

01 冬瓜放入锅中加水煮熟；

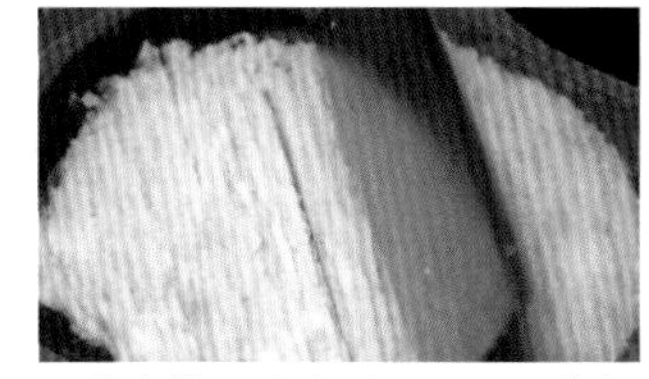

02 用纱布挤干水分后，再用刀背把冬瓜剁成冬瓜蓉待用；

03 菠萝切成5毫米见方的粒，用纱布包住菠萝粒用力挤，挤出的汁水用碗装着待用；

04 挤干的菠萝粒用刀背剁成蓉；

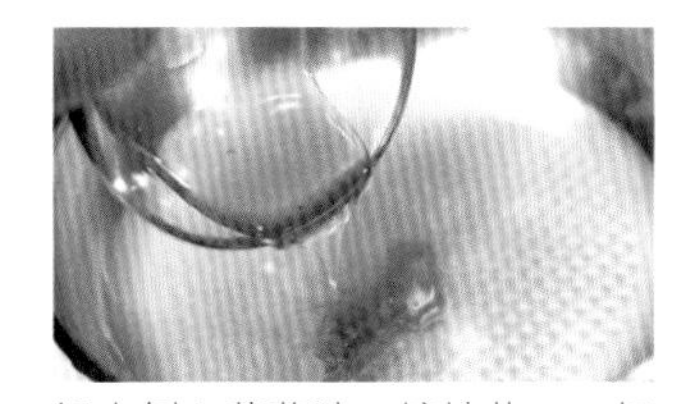

05 锅中倒入菠萝汁、糖桂花，一起熬煮至融化；

06 再加入冬瓜蓉和菠萝蓉，中小火慢慢熬煮；

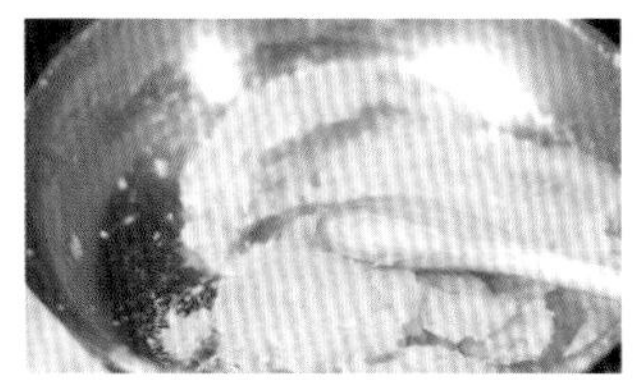

07 直到汤汁收干，馅料变成金黄色，并且很黏稠，没有太多水蒸气出来，即可关火。

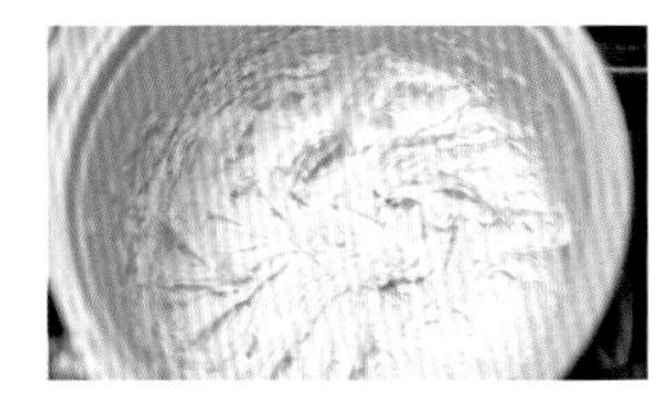

08 室温下软化的黄油与糖粉混合后，用电动打蛋器打发至泛白；

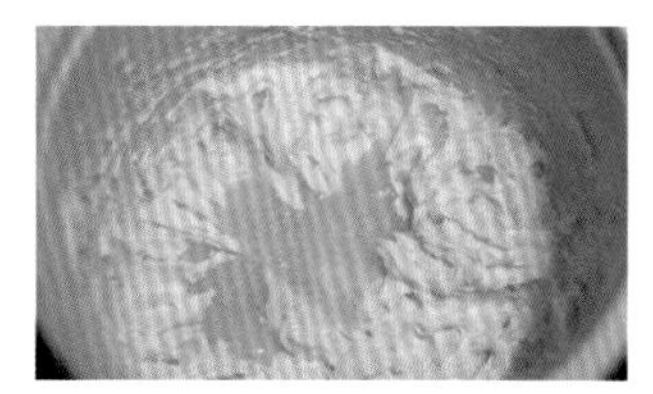

09 鸡蛋液分3次加入，每次都要等蛋液和黄油充分混合均匀后，再加下一次；

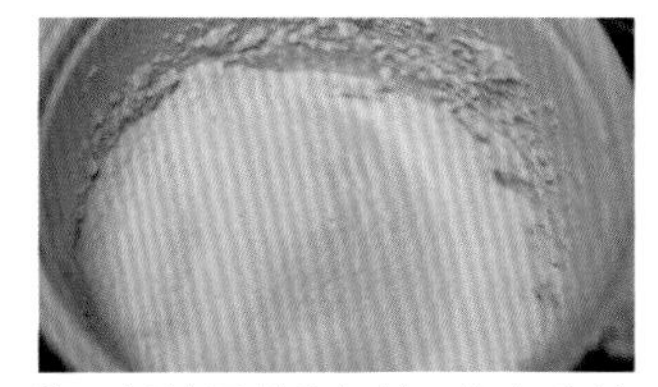

10 筛入低筋面粉和奶粉，轻轻翻拌成酥皮面团；

11 酥皮面团均分成15克一个，凤梨馅均分成25克一个，都搓圆；

温馨贴士

对待一些线条曲折的凤梨模，凤梨坯捏成模大概的形状，并且要高一些，然后套模上去再压。

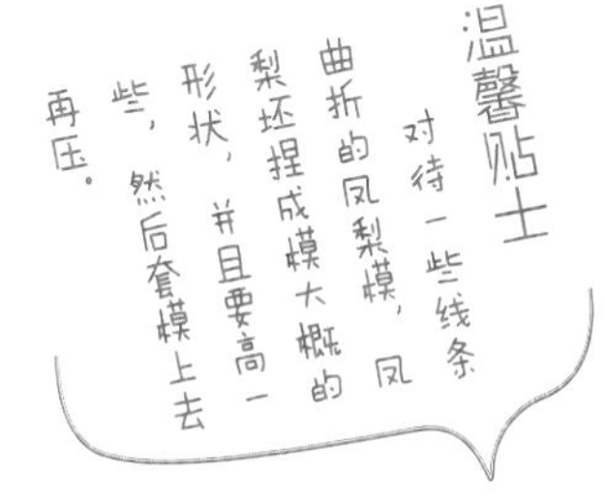

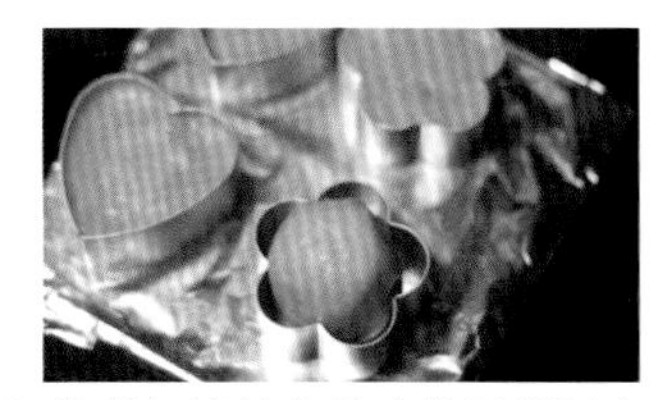

12 参考包馅的方法（详见第011页），用酥皮包住凤梨馅，放入凤梨模中；

13 用手慢慢把生坯边压边推填满凤梨模，放入175℃预热好的烤箱，烘焙15分钟即可。

抹茶酥

难易度	★★☆☆☆
准备时间	30分钟
烘焙参数	180℃ 25分钟
模具	烤盘

材料

油皮：中筋面粉 75克 无盐黄油 28克 糖粉 10克 清水 30克

油酥：低筋面粉 60克 抹茶粉 4克 无盐黄油 32克

馅料：红豆沙 280克

举一反三

抹茶粉可以换成可可粉、红曲粉、紫薯粉等天然色粉，呈现不同色彩。

红豆沙馅可以换成莲蓉馅、金沙馅等等。

制作过程

01 中筋面粉过筛，和黄油及清水一起装入大容器；

02 揉搓成油皮面团，盖上保鲜膜放一边静置20分钟左右；

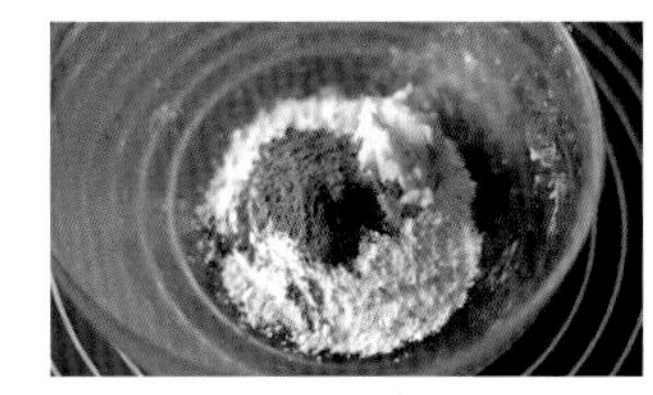

03 把油酥的材料全部都放到大容器里；

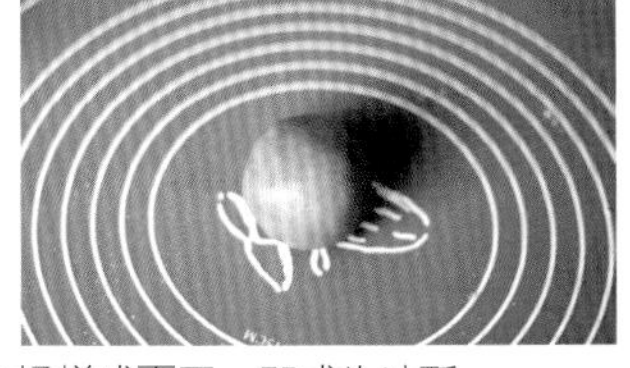

04 揉搓成面团，即成为油酥；

05 油皮均分成36克一个的小份；油酥均分成24克一个的小份；

06 把油皮擀平，包入油酥；

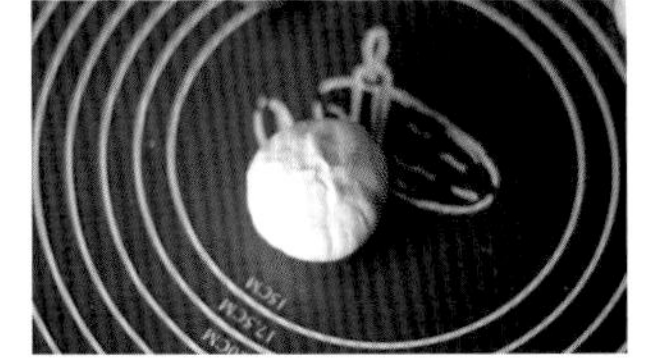

07 慢慢包成球，包法参考第011页；

08 用擀面杖把抹茶酥面团擀成牛舌状；

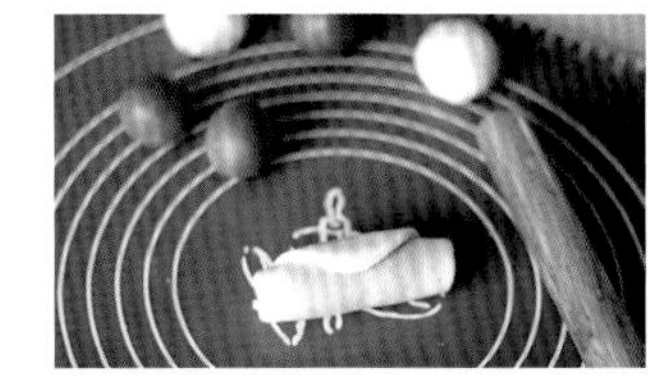

09 然后卷起来；

10 再次擀成椭圆的牛舌状；

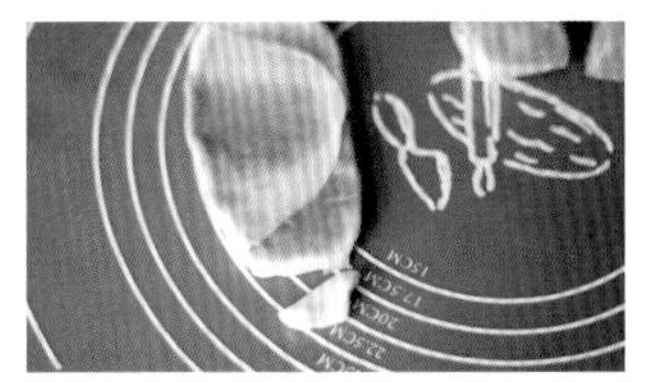

11 切掉一头面皮较多的白色部分；

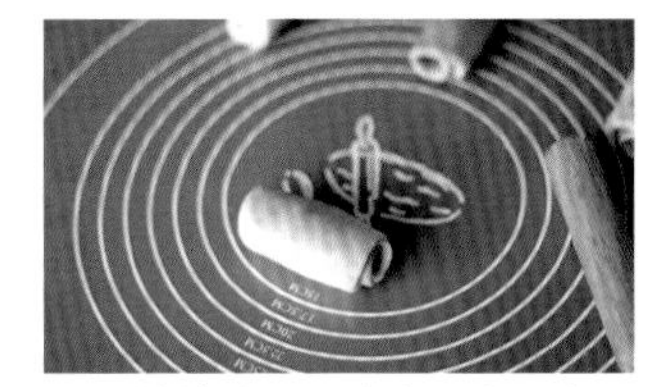

12 从切掉的地方开始卷起来，卷口朝下；

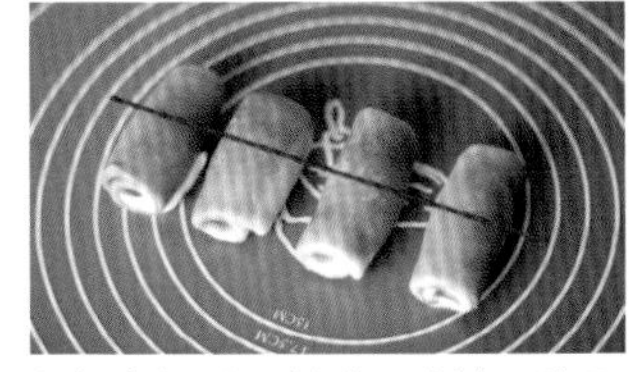

13 全部卷好后，松弛20分钟，按照线条的切面全部对切成8个卷子；

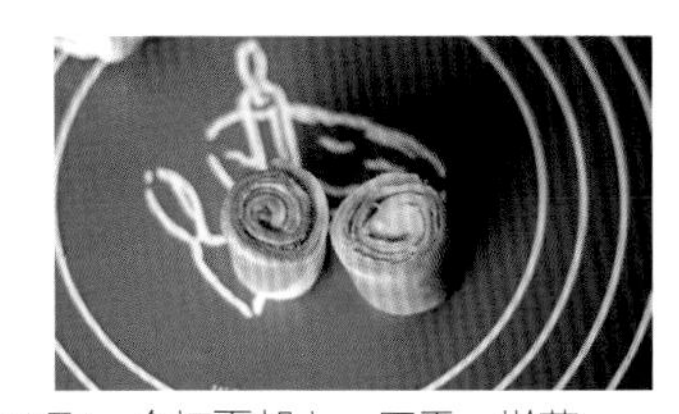

14 取一个切面朝上，压平，擀薄；

15 把花纹翻过来朝下，包入35克红豆沙馅，包法见第011页；

16 包好的抹茶酥轻轻搓圆；

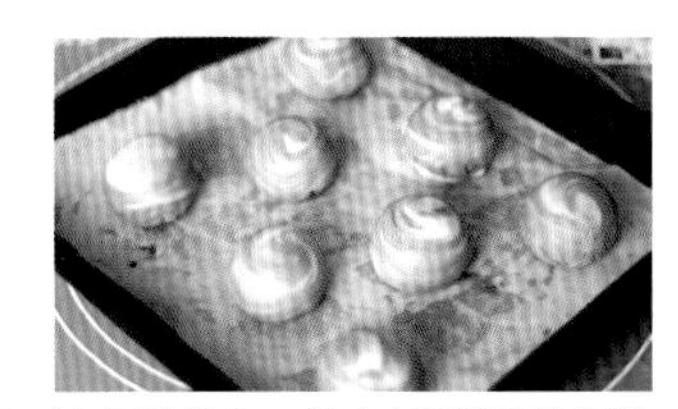

17 放在烤盘上，放入180℃预热好的烤箱中层，上下火同温烤25分钟即可；

材料

松饼&华夫饼

难易度 ★☆☆☆☆

准备时间 10分钟

材料

低筋面粉	150克	无铝泡打粉	6克
小苏打	1/4茶匙	细砂糖	25克
盐	1/8茶匙	鲜奶油	170克
鸡蛋	2个	融化无盐黄油	20克

制作过程

01 低筋面粉、泡打粉、小苏打、细砂糖、盐全部混合均匀；

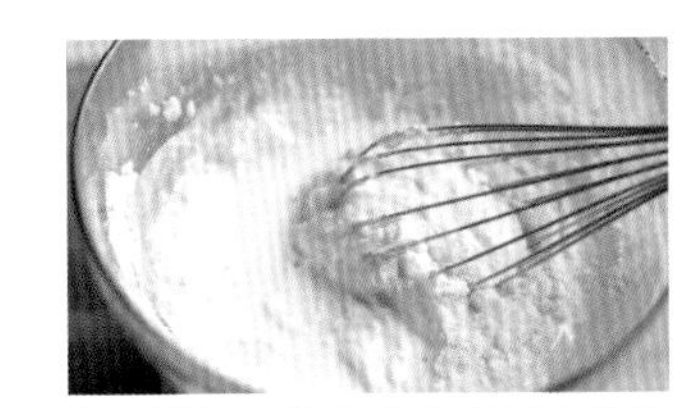

02 加入鲜奶，混合成光滑无颗粒的面糊；

03 再加入鸡蛋混合；

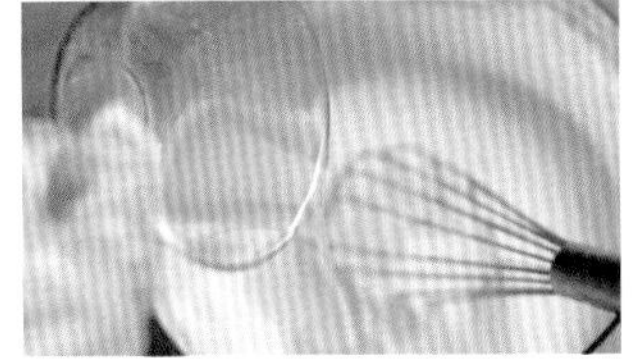

04 倒入融化好的黄油，搅拌均匀成基础面糊；

05 平底锅抹上薄薄一层黄油，浇入适量的面糊，如有蓝莓等浆果可以点缀在上面；

06 用超小火加热至松饼冒出很多气孔；

07 翻到另外一面，再烤约20秒即可起锅。

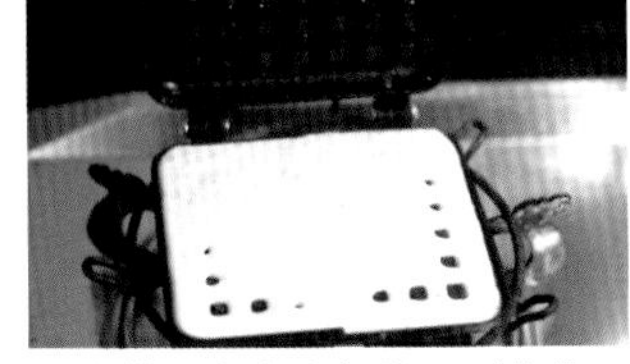

08 华夫模用中小火加热，刷薄薄一层黄油，舀入面糊填至9成满；

09 合上模，烘烤1分钟后，翻面再烤2分钟即可；

10 开盖后即可轻松脱模。

材料

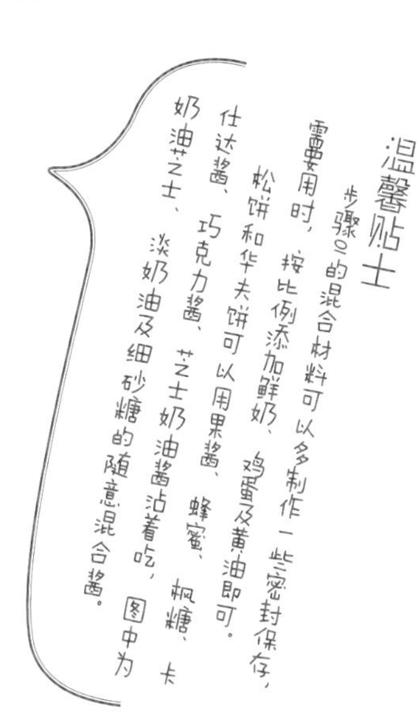

广式月饼

难易度 ★★☆☆☆
准备时间 30分钟
烘焙参数 190℃ 20分钟
工具 50克月饼模

材料

材料	用量	材料	用量
中筋面粉	100克	糖浆	75克
酥油	25克	碱水	1克
月饼馅	400克	鸡蛋	1个

制作过程（配有视频）

01 中筋面粉过筛待用；

02 大容器内倒入糖浆、碱水、酥油，混合均匀；

03 倒入已经过筛的面粉；

04 揉成月饼皮面团，盖上保鲜膜静置30分钟；

05 月饼皮按照15克一份搓圆，月饼馅按照33克一份搓圆；

06 用月饼皮包住月饼馅，搓圆；

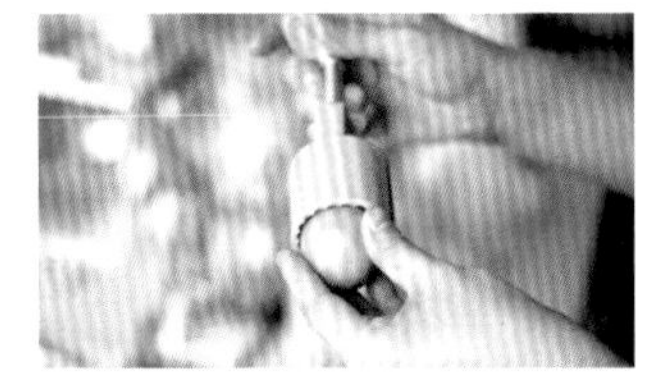

07 裹上少许干粉后，小心放入月饼模；

08 放到垫子上压成月饼，力度要适中；

09 把压好的月饼放入190℃预热好的烤箱中层，上下火同温烤5分钟，取出；

10 月饼表面均匀刷上鸡蛋液；

11 再次放入烤箱，190℃烘焙15分钟即可，出炉后需放置2天回油后再食用。

材料

彩图冰皮月饼

难易度 ★★★☆☆
准备时间 30分钟
工具 50克月饼模

材料 冰皮月饼粉 200克 清水或果汁 200克
白油或黄油 20克
冰皮月饼专用馅 400克
防粘手粉 适量 天然食用色素 适量

制作过程（配有视频）

01 月饼馅分成每个25克；

02 月饼粉中倒入纯净水；

03 搅拌均匀；

04 白油分3次加入，每次吸收后再加下一次；

05 揉成光滑的冰皮面团后，盖上保鲜膜，入冰箱冷藏30分钟；

06 取出后按照每个25克均分成16个，分别染上天然色素，搓圆；

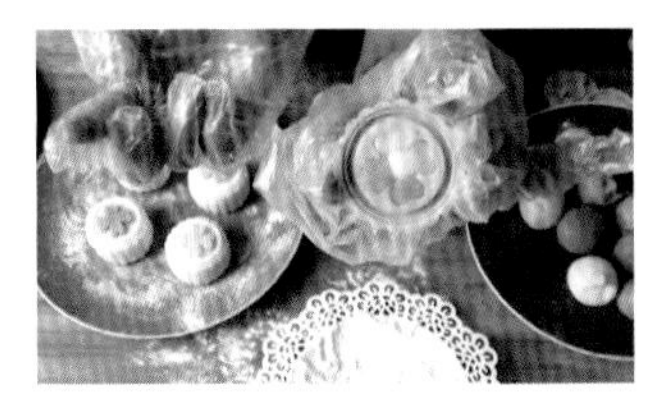

07 在月饼模的凹陷处填入少许彩色的冰皮待用；

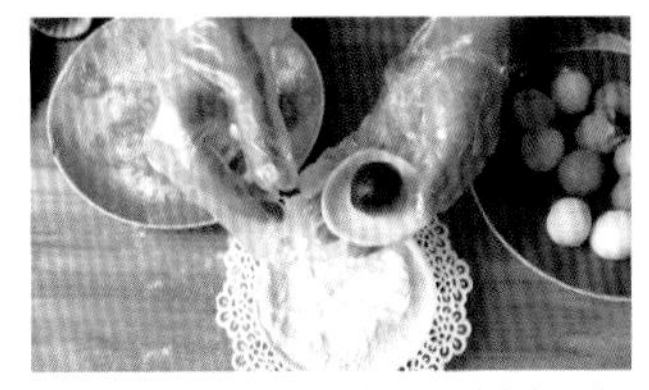

08 取一份冰皮捏薄，包入月饼馅，包好后搓圆（包法参考第011页）；

09 滚上一层薄薄的防粘粉后放入盘里，压上填好彩色花边的月饼模；

10 用适当的力度压出月饼形状即可。

温馨贴士

冰皮粉可以用熟糯米粉等自制，但冷藏隔夜后会变硬，所以最好用专用的冰皮粉制作月饼皮。同样的，冰皮月饼馅也需要用专用的，否则做好的月饼容易开裂。

手工巧克力

难易度 ★★★☆☆

准备时间 30分钟

烘焙参数 190℃ 20分钟

材料

巧克力软夹心：黑巧克力 200克　黄油 65克

淡奶油 30克　杏仁粉 50克

表层巧克力：黑巧克力 200克　糖粉 40克

杏仁粒 适量　抹茶粉 适量

可可粉 适量

制作过程

01 制作巧克力夹心的巧克力、黄油、淡奶油全部倒入干燥大碗里；

02 隔着热水一边加热一边搅拌融化；

03 巧克力全部融化后加入杏仁粉；

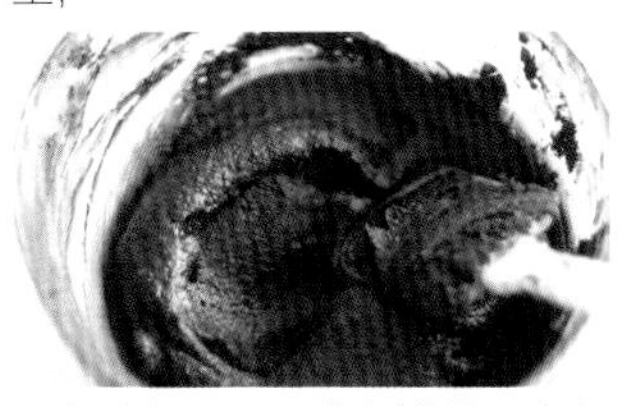

04 混合均匀后，隔冷水搅拌至半凝固状态；

05 把半凝固的巧克力夹心装入裱花袋中，用圆形裱花嘴挤出拇指大小的巧克力球；

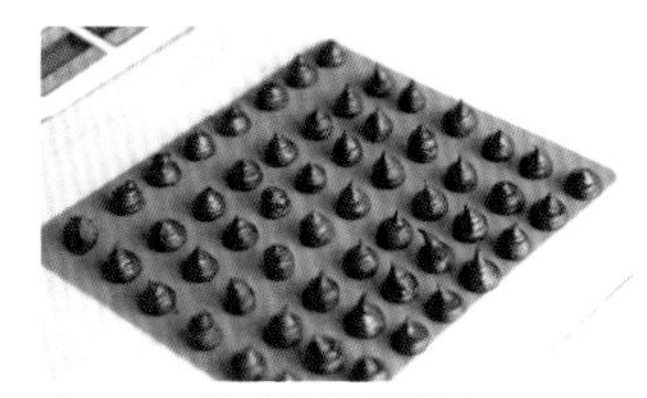

06 晾干，用的时候稍稍搓圆即可；

07 另取一个干净容器，装入表层用的黑巧克力，隔水加热至融化；

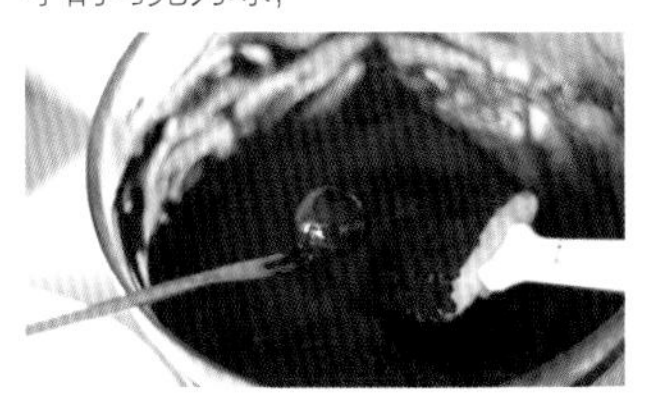

08 加入糖粉混合均匀后，把步骤06中定了型的巧克力夹心放入，再裹上一层巧克力；

09 放到杏仁粒中滚一滚，再放入盘中等待凝固；

10 最后再裹一层巧克力酱，晾干即可。

举一反三

可以在步骤08之后，巧克力酱稍干燥时，裹上一层薄薄的抹茶粉或可可粉，即成为抹茶或松露巧克力。

步骤09凝固后，表面不再覆盖一层巧克力，直接食用也可。

天天
Le soleil briller
et
le ciel bleu qui ouvert
TR
Temps Riche

装饰类糕点

蔓越莓淡奶油裱花蛋糕

难易度 ★★★☆☆

制作时间 30分钟

工具 裱花转台 抹刀 裱花嘴 裱花袋 打蛋盆

材料 6寸蛋糕坯 1个 淡奶油 400克 细砂糖 50克 蔓越莓干 80克 口味酒 适量

制作过程（配有视频）

01 蔓越莓用口味酒加少许清水浸泡20分钟，滤干切碎待用；

02 蛋糕坯平切成2片；

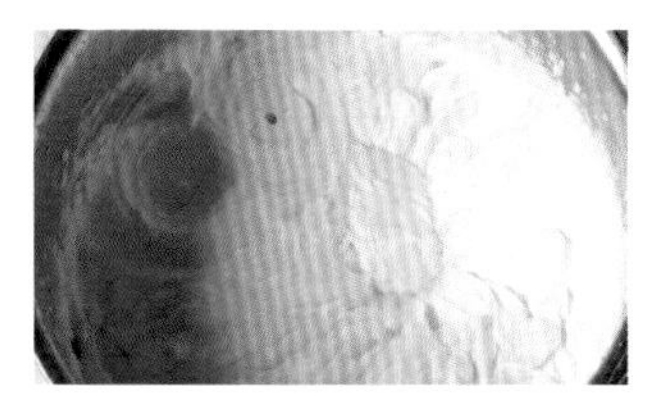

03 淡奶油加入细砂糖，打至8成发；

04 取一片蛋糕摆放到裱花台上，下面可垫上盘子或蛋糕纸垫；

05 蛋糕片抹上适量厚度的淡奶油，再均匀撒上蔓越莓碎；

06 取另一片蛋糕片，刷上少许口味酒汁，盖到裱花的蛋糕上；

07 在蛋糕表面倒上大量的淡奶油，手平持抹刀稍倾斜下压，同时旋转裱花台，让奶油均匀覆盖在蛋糕表面；

08 垂直抹刀，保持与蛋糕侧45°角，旋转裱花台，奶油自然会在蛋糕一周抹开；

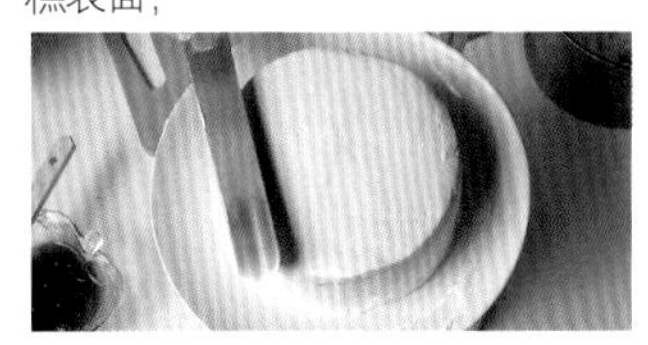

09 最后擦干净抹刀，把表面轻抹平；

10 在蛋糕表面做些装饰即可。

举一反三

淡奶油裱花蛋糕

淡奶油只适合简单裱花，所以抹平蛋糕表面后，简单地挤出线条，再用一些小浆果进行装饰就行。

黑森林蛋糕

如果对裱花不是很有信心，最简单的处理办法就是，模仿黑森林蛋糕的外形，蛋糕表面抹上一层淡奶油后，均匀地粘上巧克力碎，表面稍作装饰即可。

温馨贴士

淡奶油裱花忌反复涂抹过多，避免油水分离呈豆腐渣的颗粒状。

淡奶油打发时容易打过头，呈现油水分离状，这时只需要加一些没有打发过的淡奶油混合后，再打发即可恢复。

巧克力果酱千层蛋糕

难易度 ★★☆☆☆

制作时间 30分钟

工具 裱花转台 抹刀

材料 6寸方形戚风蛋糕坯 1个

淡奶油 200克

巧克力酱（做法详见第049页） 100克

草莓果酱 100克 细砂糖 20克

抹茶粉 5克 清水 1茶匙

制作过程

01 参考戚风蛋糕的制作方法（详见第016页），烤制好方形蛋糕坯；

02 蛋糕切割成4片；

03 每一片再对半切开，取一片上面抹上巧克酱；

04 盖上蛋糕片，再抹一层草莓果酱；

05 接下来一层巧克力酱一层草莓果酱，一共覆盖5层蛋糕片；

06 淡奶油加细砂糖，打至7成发，抹茶粉与清水混合后加入奶油里混合均匀；

07 蛋糕坯抹上抹茶奶油；

08 奶油均匀地裹住蛋糕；

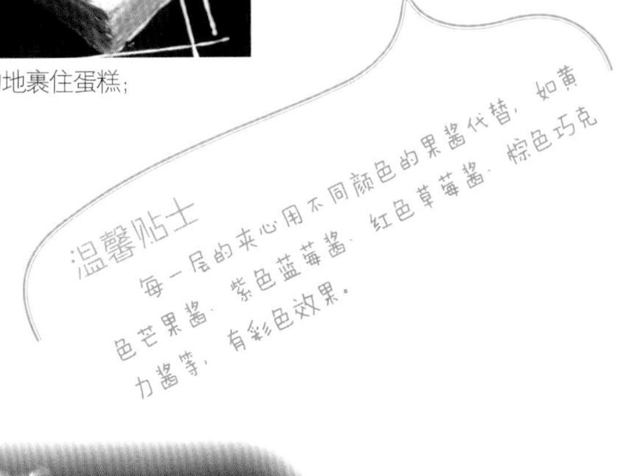

温馨贴士

每一层的夹心用不同颜色的果酱代替，如黄色芒果酱、紫色蓝莓酱、红色草莓酱、棕色巧克力酱等，有彩色效果。

09 表面再均匀地洒上巧克力屑；

10 最后在表面挤上奶油，装饰水果即可。

芝士夹心彩虹蛋糕

难易度 ★★★☆☆
制作时间 30分钟
工具 裱花转台 抹刀

材料
6色戚风蛋糕坯 各1个
淡奶油 400克
奶油芝士 200克
细砂糖 65克

制作过程（配有视频）

01 参考戚风蛋糕的制作方法（详见第016页），用纯天然的食用色素制作出“红橙黄绿蓝紫”6种颜色的彩色蛋糕胚；

02 每个蛋糕切割成3~4片蛋糕片，再各取一片待用；

03 奶油芝士、200克淡奶油和40克细砂糖，搅拌融化成奶油芝士酱；

04 蛋糕片摆在裱花台上，从紫色开始，一层蛋糕片一层奶油芝士酱抹开；

05 蛋糕从下到上的颜色依次是：紫蓝绿黄橙红；

06 200克淡奶油打至8成发，倒在蛋糕上，转动转盘，抹刀把奶油压着抹开；

07 抹刀再贴着蛋糕侧抹奶油，直至均匀覆盖在蛋糕表面；

08 在表面裱花即可。

温馨贴士

每个6寸彩色戚风蛋糕的天然色素添加量为0.3克左右，约10~15滴。必须是健康的纯天然食用色素，不能使用普通合成食用色素。可以在制作戚风蛋糕的任何混合步骤中添加（打发蛋白霜除外）。

圣诞树根卷

难易度 ★★★☆☆

准备时间 60分钟

烘焙参数 180℃ 15分钟

工具 32厘米×28厘米烤盘1个

材料

蛋糕卷:	鸡蛋	4个	细砂糖	70克
	色拉油	60克	鲜奶	75克
	低筋面粉	80克	可可粉	20克
芝士夹心:	奶油芝士	125克	淡奶油	100克
	细砂糖	40克	巧克力	80克
	吉利丁	2片	鲜奶	40克
巧克力淋面:	黑巧克力	180克	淡奶油	100克
	无盐黄油	20克		

温馨贴士

传统的树根卷不用芝士夹心，直接打发奶油涂抹即可。可以洒些防潮糖粉增加节日气氛。

制作过程

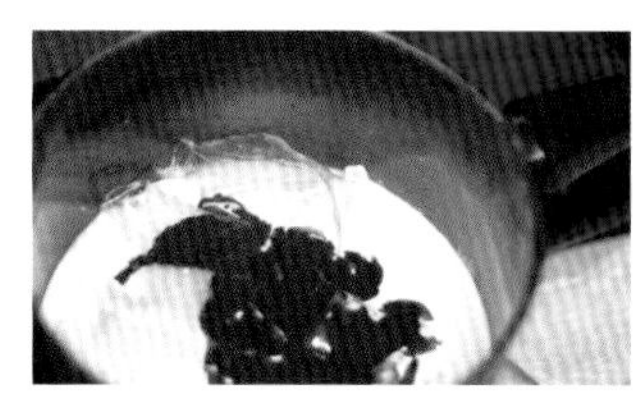

01 奶锅中加入冰水泡软的吉利丁、隔水融化了的巧克力、100克淡奶油、40克鲜奶和40克细砂糖，用小火加热至吉利丁融化；

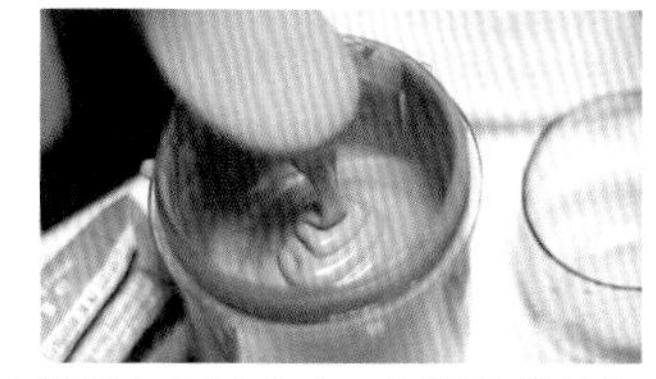

02 然后与奶油芝士一起倒入搅拌机中，搅拌成光滑无颗粒的芝士糊待用；

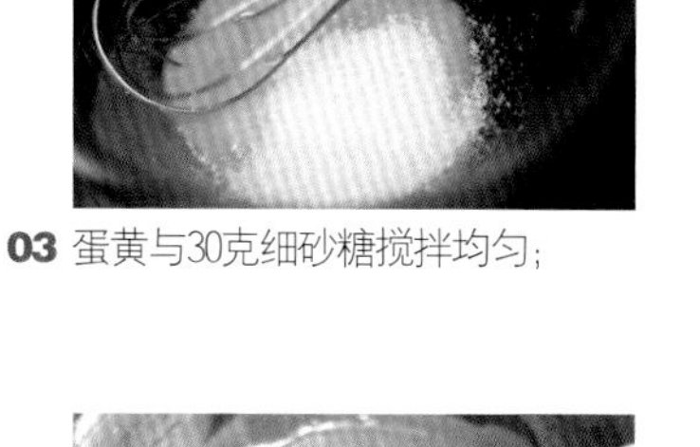

03 蛋黄与30克细砂糖搅拌均匀；

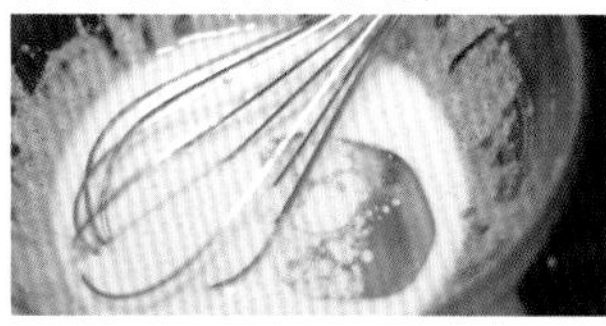

04 加入色拉油和鲜奶，搅打成蛋黄乳；

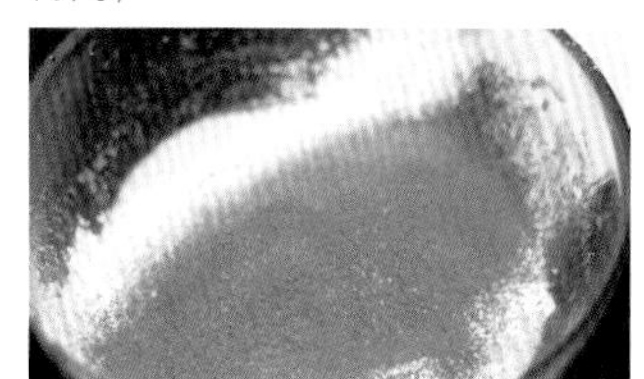

05 筛入可可粉和低筋面粉；

06 用刮刀翻拌均匀成蛋糕糊；蛋清加40克细砂糖，打发成硬性发泡的蛋白霜（详见第011页）

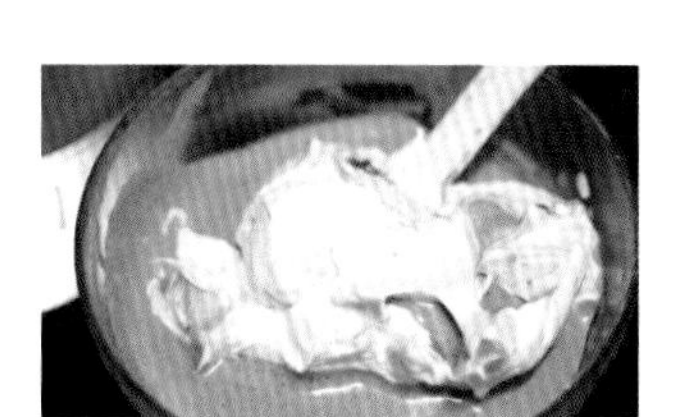

07 取1/3蛋白霜加入步骤06的蛋糕糊，混合均匀后再加入剩下的蛋白霜，轻轻翻拌均匀；

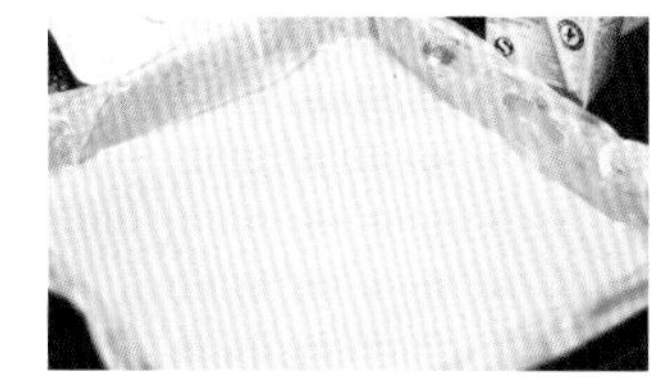

08 烤盘内垫入油纸后倒入蛋糕糊；

09 放入180℃预热好的烤箱中层，上下火同温烘焙15分钟，出炉后马上反过来撕下油纸，晾凉；

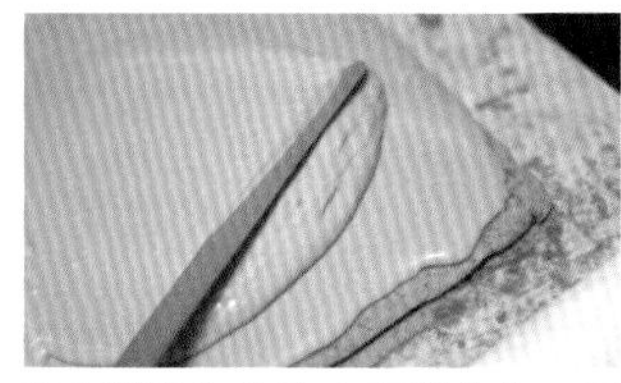

10 芝士糊均匀地抹在蛋糕片上，干了一层再抹一层，用完全部芝士糊；放入冰箱冷藏20分钟至芝士糊凝固；

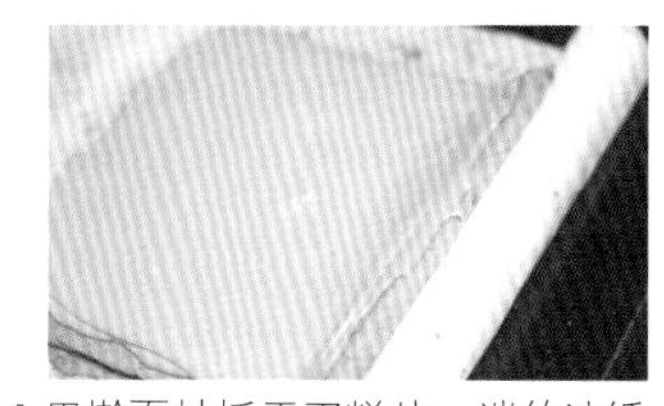

11 用擀面杖托于蛋糕片一端的油纸下，慢慢把油纸朝自己方向卷，同时推动蛋糕往前卷起来；

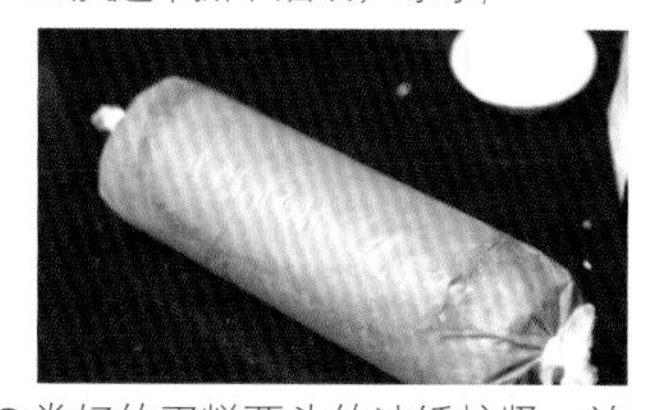

12 卷好的蛋糕两头的油纸拧紧，放入冰箱冷藏约30分钟；

13 把巧克力淋面的所有材料放入锅里，隔水加热至巧克力全部融化，制成淋面待用；

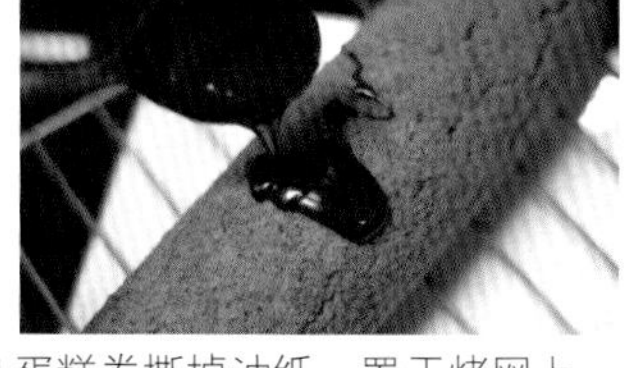

14 蛋糕卷撕掉油纸，置于烤网上，下面垫一个盘子，均匀浇上巧克力淋面；

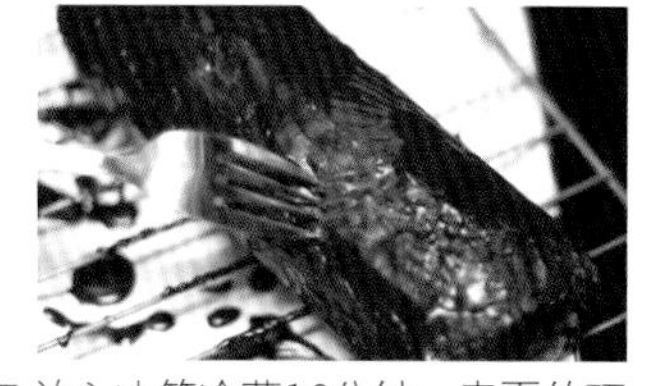

15 放入冰箱冷藏10分钟；表面的巧克力稍硬后取出，用餐叉在表面无章地划出树皮的纹路；

16 再用电吹风的热风在表面快速吹过，让树皮纹路更加自然逼真；

17 切掉蛋糕卷的两头，再在3:7的位置斜切一刀，短的一截架到长的蛋糕卷上即可。

材料

签名蛋糕卷

难易度 ★★★☆☆

准备时间 50分钟

烘焙参数 170℃ 16分钟

工具 32厘米×28厘米烤盘1个

材料

蛋糕卷材料：低筋面粉 70克　色拉油 40克
细砂糖 60克　蛋黄 3个
蛋清 3个　清水 60克
香草精油 2滴　可可粉 10克

签名字体材料：蛋清 1个　低筋面粉 5克
粟粉 5克

夹心奶油馅：淡奶油 150克　细砂糖 15克
鲜果 适量

温馨贴士

签名字体材料还可以添加彩色的天然食用色素，绘制各种图案，如草莓、爱心、各种花纹等等，为蛋糕卷穿上漂亮的外衣。

制作过程

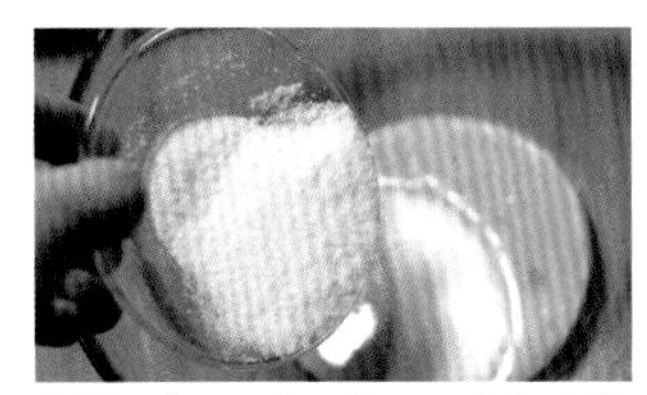

01 容器里加入3个蛋黄、30克细砂糖混合；

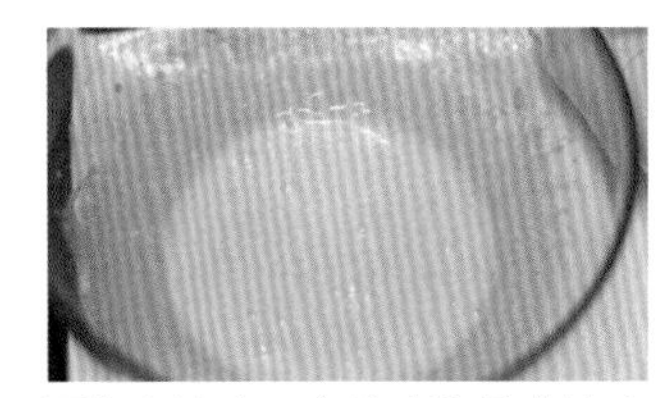

02 再加入清水、色拉油和香草精油搅拌；

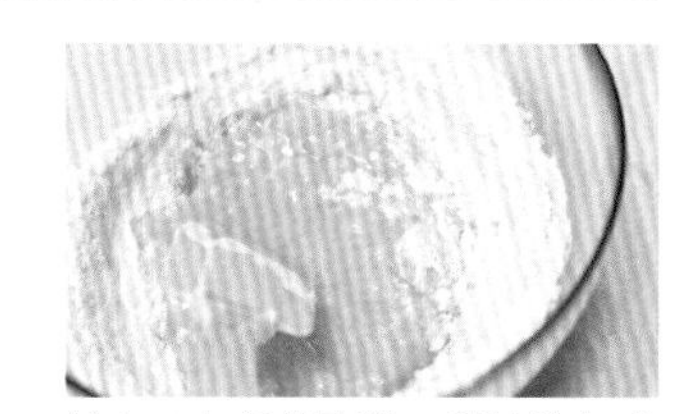

03 筛入70克低筋面粉，翻拌均匀成蛋黄糊；

04 用普通笔在油纸上签名，反过来铺在烤盘里，裁剪与烤盘服帖；

05 取20克蛋黄糊，加入签名字体材料里的5克低筋面粉，混合均匀；

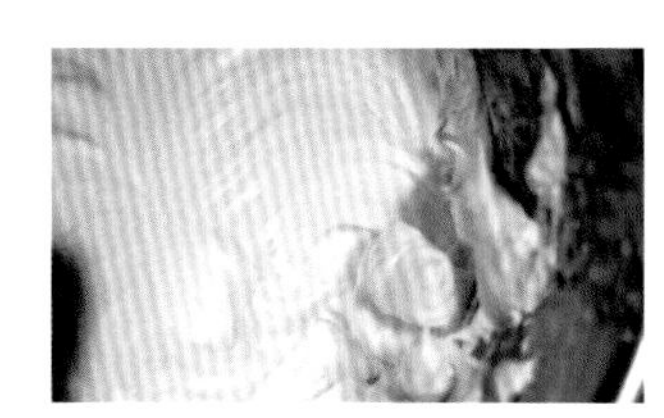

06 签名字体材料里的1个蛋清和5克粟粉混合，打发成硬性蛋白霜；

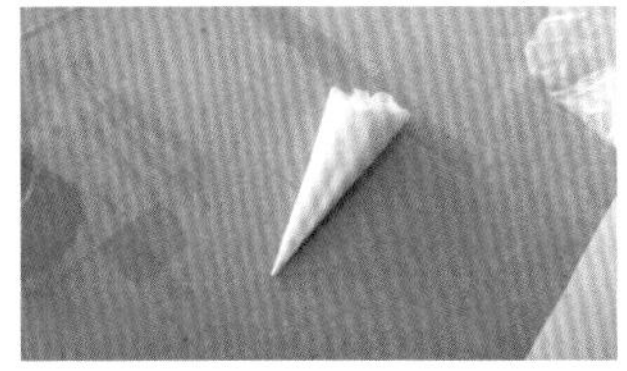

07 取2/3蛋白霜加入步骤05中，混合均匀后装入裱花袋中；

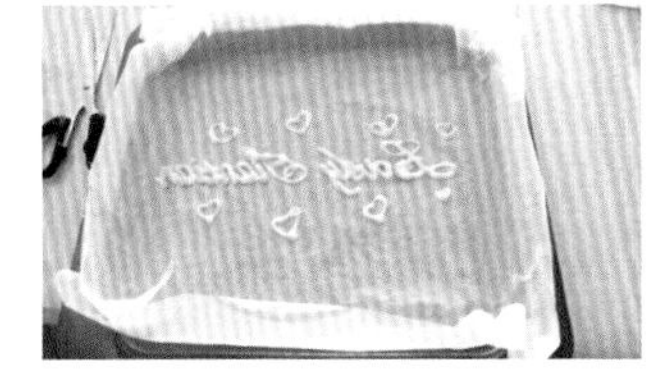

08 裱花袋剪个小口，在烤盘内挤出蛋糕糊绘制签名，放入170℃预热好的烤箱，烘烤1分钟后取出；

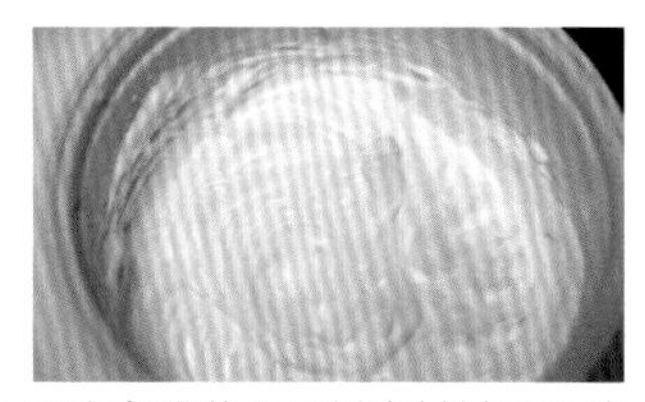

09 干净容器装入蛋糕卷材料里面的3个蛋清和剩余的30克细砂糖，打至硬性发泡；

10 在步骤03剩下的蛋黄糊中筛入10克可可粉，混合均匀后分2次加入剩下的蛋白霜，翻拌均匀成蛋糕糊；

11 把蛋糕糊倒入烤盘中，摔一下震出气体，再抹平表面；

12 放入烤箱，170℃烘焙15分钟；

13 出炉后马上悬空倒扣，撕开油纸，再盖在蛋糕上保湿；

14 把夹心奶油馅材料里的淡奶油和细砂糖打至7成发；

15 蛋糕片反过来签名朝下，上面抹上打发好的淡奶油，铺上鲜果；

16 卷起来（详见第043页），拧紧油纸，放入冰箱冷藏5小时后再食用。

糖霜饼干

难易度	★★☆☆☆
制作时间	30分钟
工具	一次性裱花袋

材料

饼干坯	数片	蛋清	20克
糖粉	150克	柠檬汁	10~15克
纯天然食用色素	适量		

制作过程

01 参考第067页印模曲奇的制作，准备好数片饼干坯；

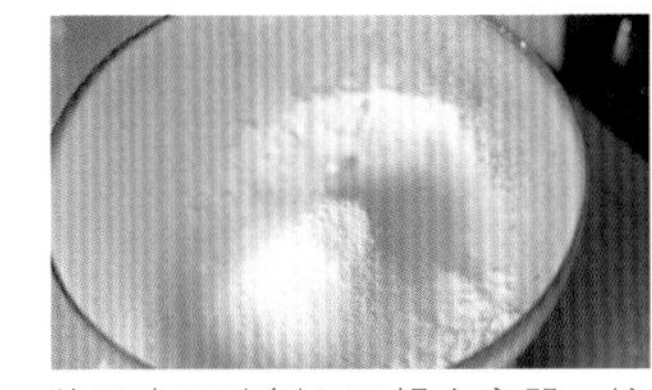

02 将20克蛋清倒入干燥大容器，接着筛入糖粉；

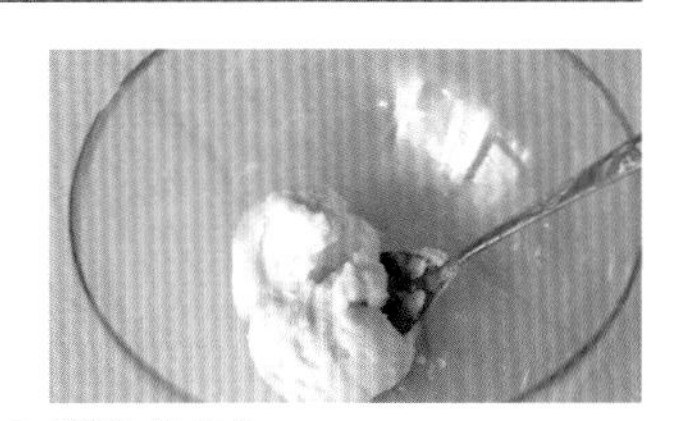

03 搅拌成团状；

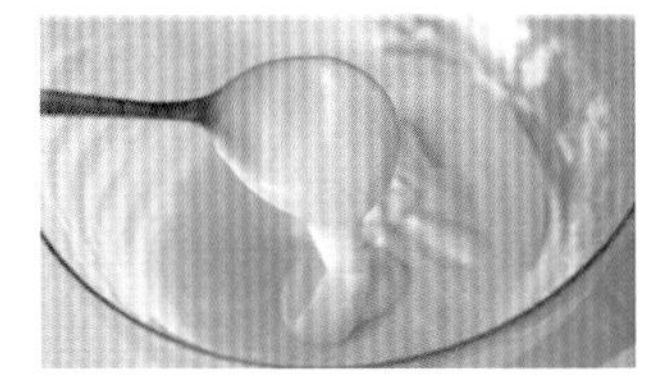

04 慢慢加入柠檬汁，一边加一边混合，直至达到图中顺滑的效果；

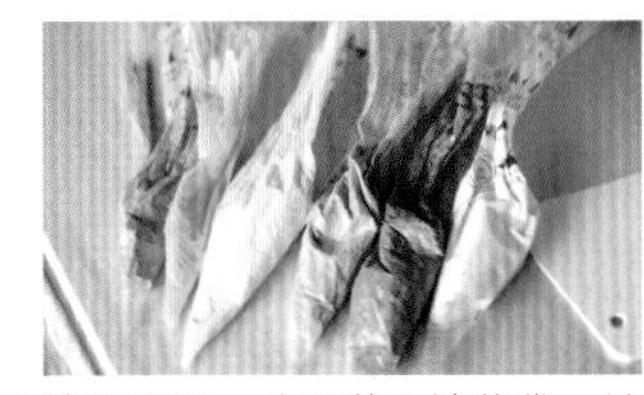

05 按照所需，分量装入裱花袋，并在裱花袋中滴入不同的天然色素，进行调色；

06 调好色后，在裱花袋尖端剪个小口，就可以用很小的线条在饼干上绘制图案，点缀上装饰的小糖珠会更漂亮，室温下晾干即可。

举一反三

糖霜Cupcake

烤好的纸杯蛋糕表面覆盖一层糖霜，干燥之后，再用裱花袋装着各色的糖霜在上面绘图。

温馨贴士

也可以用勺子舀少许糖霜平铺在饼干表面，凝固后再在上面绘图。

牡丹立体芝士蛋糕

难易度 ★★★☆☆

准备时间 60分钟

工具 8寸天使蛋糕模

材料

果冻层：果冻粉 80克 开水 380毫升 吉利丁 1片 淡奶油 100克 天然食用色素 适量

芝士糊：奶油芝士 125克 吉利丁 2片 桂花蜜 60克 淡奶油 100克 8寸戚风蛋糕坯 1个

制作过程

01 果冻粉加入开水，混合成透明的果冻水；

02 把果冻水倒入天使蛋糕模中，放入冰箱冷藏1小时成果冻；

03 冰水泡软的1片吉利丁放入100克淡奶油中，隔水加热至吉利丁融化成淡奶油吉利丁糊；

04 一次性裱花袋装入淡奶油吉利丁糊，分别添加不同的天然色素，用于制作花瓣、花心、叶子、藤蔓等；

05 准备一个塑料饮料瓶，洗净；

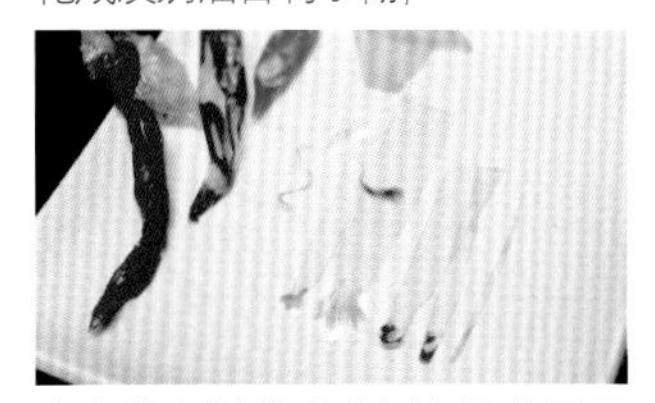

06 瓶身的塑料剪成雕刻水晶花需要的各种花瓣模、叶子模、花心模及藤蔓模，如图所示；

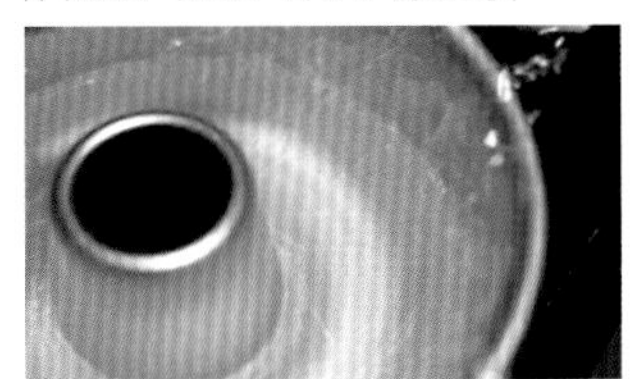

07 用花心模在果冻上插孔，像蜂窝一样，在需要雕花的地方密密地戳；

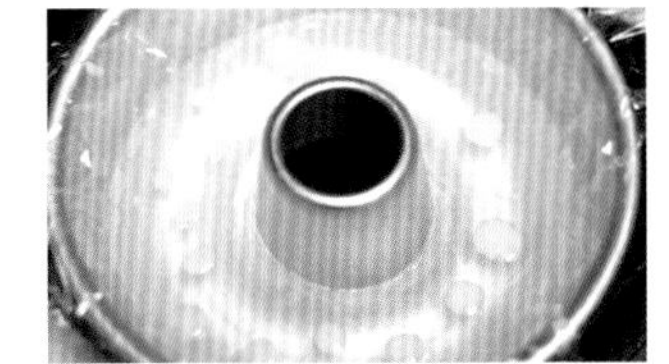

08 在戳孔的地方浇上步骤04中做好的黄色的淡奶油吉利丁糊，颜色会顺着孔进入果冻中；

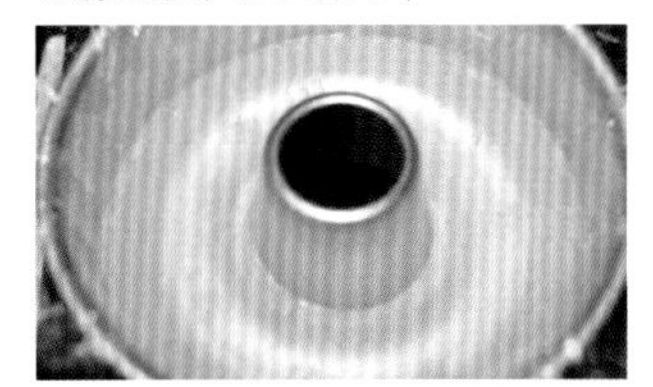

09 擦干净表面的淡奶油吉利丁糊，可看到果冻上雕出来的黄色花心；

10 把花瓣模插入果冻里，裱花袋贴着模侧把彩色的淡奶油吉利丁糊送入果冻模里，先取模再扯出裱花袋，做出花瓣和叶子；

11 花内圈5瓣，中圈6瓣，外圈7瓣，不同角度的倾斜形成一朵大花的效果，其他的叶子和藤蔓都是一样的做法；

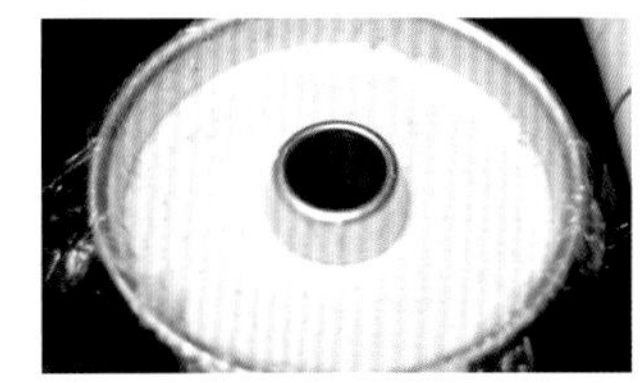

12 参考第053页做好芝士糊，倒入天使模中，覆盖在水晶花上；

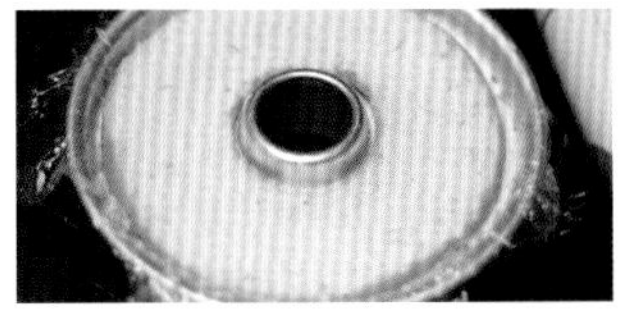

13 再把蛋糕坯切出一块1.5厘米厚的蛋糕片，剪出一个圆环，覆盖在芝士糊上；

14 放入冰箱冷藏3小时后，用毛巾热敷或电吹风辅助脱模，即可切食。

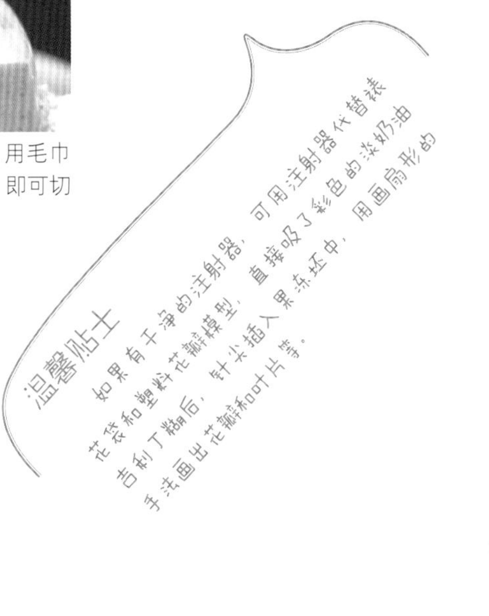

奶油霜装饰纸杯蛋糕

难易度　★★☆☆☆
准备时间　20分钟
工具　裱花嘴　裱花袋
材料
经典奶油霜：无盐黄油　200克　糖粉　45克
香草精油　适量　朗姆酒　适量
意式蛋白奶油霜：无盐黄油　170克　蛋清　2个
细砂糖　75克　清水　40克
芝士奶油霜：无盐黄油　60克　奶油芝士　100克
糖粉　50克

制作过程（配有视频）

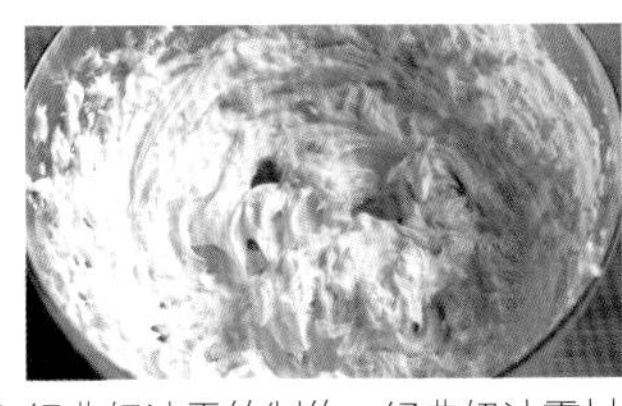

01 经典奶油霜的制作：经典奶油霜材料装入干燥的大容器，用电动打蛋器打发至泛白蓬松即可食用。

02 意式蛋白奶油霜的制作：室温下软化的170克黄油放入干燥容器中，用电动打蛋器打发至蓬松泛白的奶油霜；

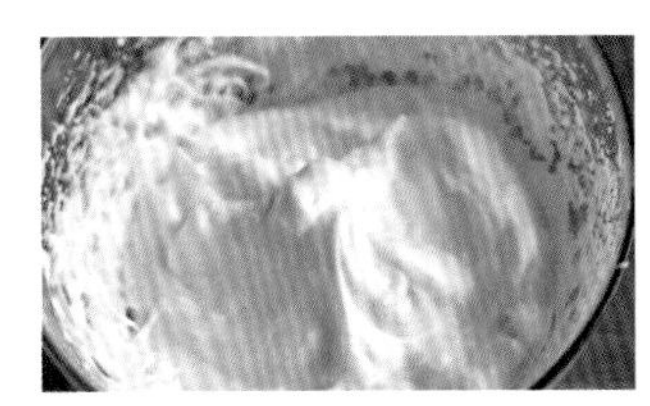

03 另一干燥容器中装入蛋清和20克细砂糖，打至7成发的蛋白霜；

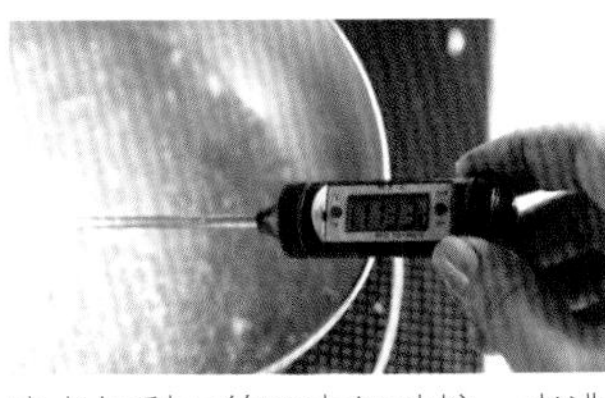

04 清水加剩下的55克细砂糖，煮沸到118℃离火；

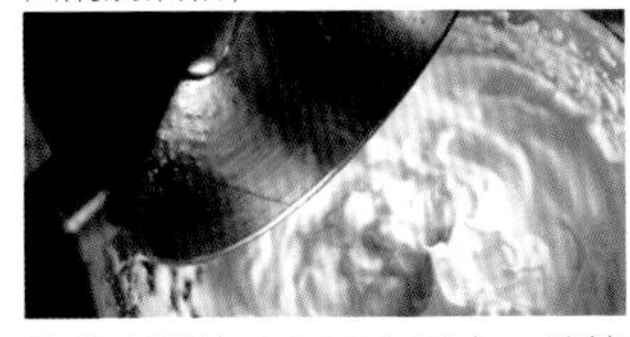

05 热糖水迅速冲入蛋白霜中，继续打发至硬性发泡；

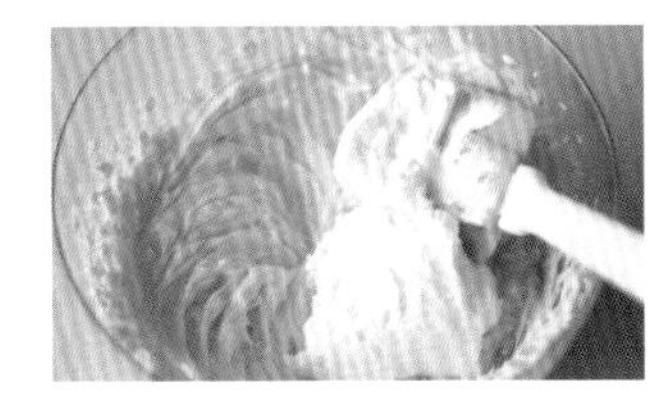

06 把蛋白霜舀入黄油霜中，拌均匀即成意式蛋白奶油霜。如果出现油水分离现象，隔热水稍微打发一下即可。

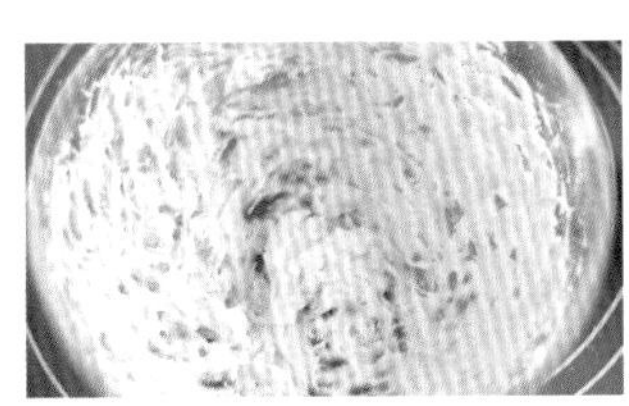

07 芝士奶油霜的制作：室温下软化的60克黄油打发至泛白蓬松；

08 加入奶油芝士和糖粉继续打发；

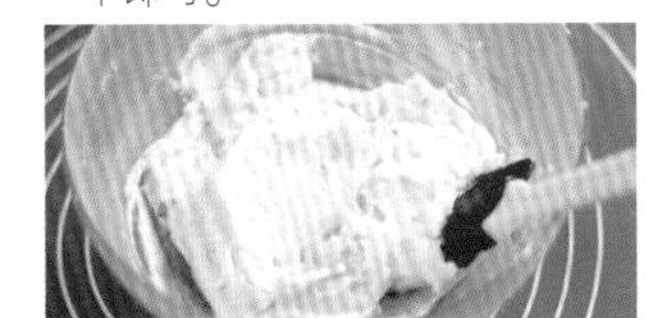

09 打发至轻盈细腻、蓬松的样子就成芝士奶油霜。

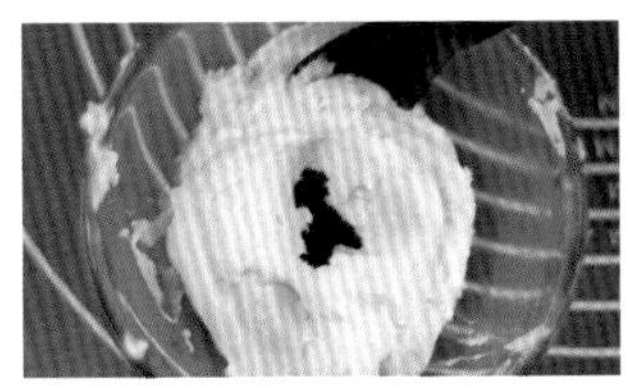

10 以上三款奶油霜如果需要调味调色，可在最后一步加入调味酒或天然色素。

温馨贴士

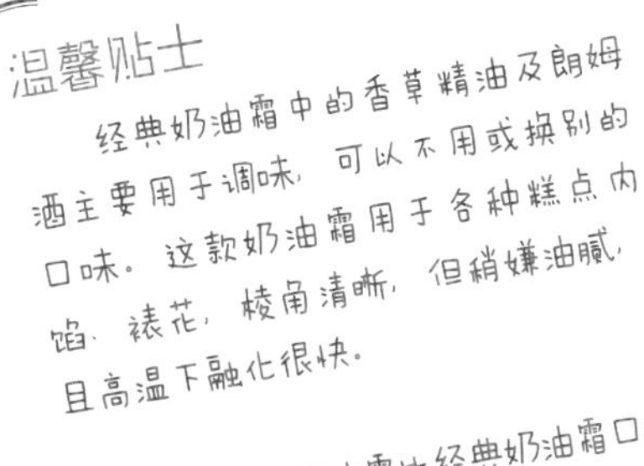

经典奶油霜中的香草精油及朗姆酒主要用于调味，可以不用或换别的口味。这款奶油霜用于各种糕点内馅、裱花，棱角清晰，但稍嫌油腻，且高温下融化很快。

意式蛋白奶油霜比经典奶油霜口味清淡，棱角清晰且不易融化，更适合运用到纸杯蛋糕Cupcake的装饰挤花中。

芝士奶油霜中黄油和芝士的比例比较随意，想清淡可以增加芝士，想棱角更加清晰就增加黄油。

纸杯蛋糕Cupcake装饰挤花的手法详见视频。

蕾丝纸杯蛋糕

难易度 ★★☆☆☆

制作时间 60分钟

工具 蕾丝模

材料 蕾丝预拌粉 20克 沸水 25克

海绵纸杯蛋糕坯、翻糖膏、色素 各少许

制作过程（配有视频）

01 蕾丝预拌粉中冲入沸水；

02 用电动打蛋器打发，因为材料很少，只需要一个打蛋头即可；

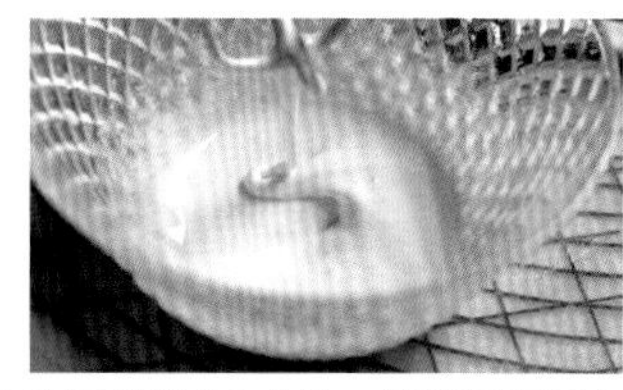

03 高速打发约1分钟，达到如图泛白仍有流动性的效果；

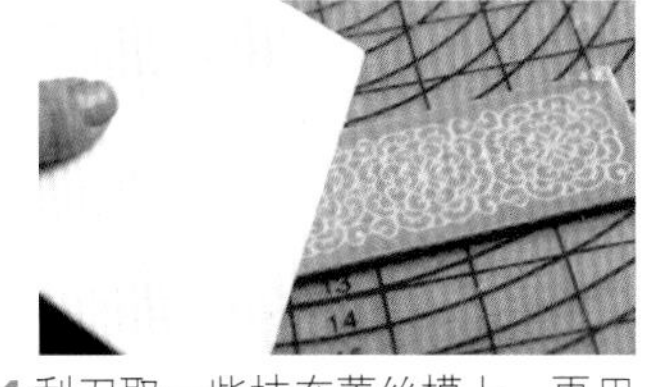

04 刮刀取一些抹在蕾丝模上，再用刮板刮平；

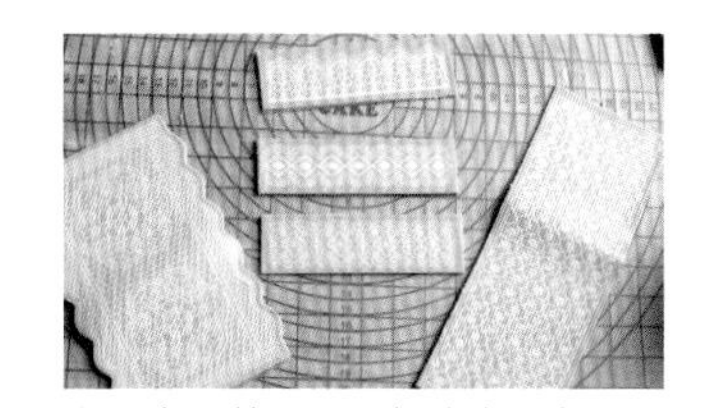

05 空调房里静置2~3小时就可晾干；

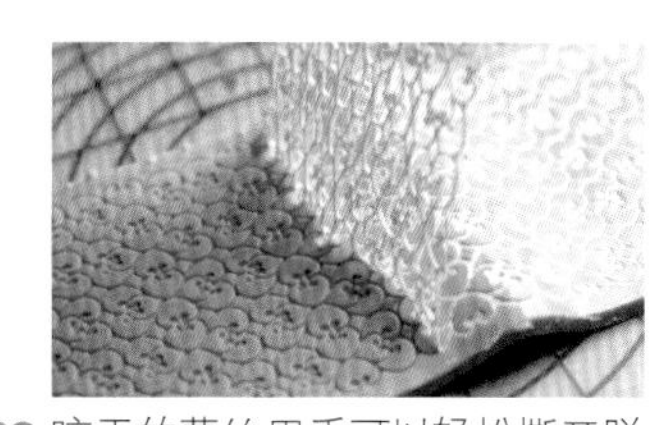

06 晾干的蕾丝用手可以轻松撕开脱模；

07 一次可以制作多张蕾丝冷藏保存；

08 翻糖膏染色后擀平，用圆形印模印出翻糖皮，覆盖到纸杯蛋糕上；

09 再根据喜好装饰上糖蕾丝；

10 还可粘上一些小翻糖花做点缀；

举一反三

蕾丝翻糖蛋糕

重油蛋糕、海绵蛋糕或重芝士蛋糕等衬托力稍强的蛋糕，表面覆盖上翻糖皮，再贴上糖蕾丝，就瞬间变得华丽典雅起来。

蕾丝咖啡

煮好的黑咖啡，表面飘上一朵漂亮的糖蕾丝，受热后会慢慢融化在咖啡里。

蕾丝饼干

印模饼干盖上翻糖皮，再覆盖上蕾丝即可。

温馨贴士

做好的糖蕾丝可以平放入冰箱冷藏保存，取出时小心别弄碎。室温下回软后，再在空调房里进行裁剪装饰糕点。可在打发的过程添加色素制作彩色蕾丝。

翻糖纸杯蛋糕

难易度 ★★☆☆☆

制作时间 60分钟

工具 翻糖工具

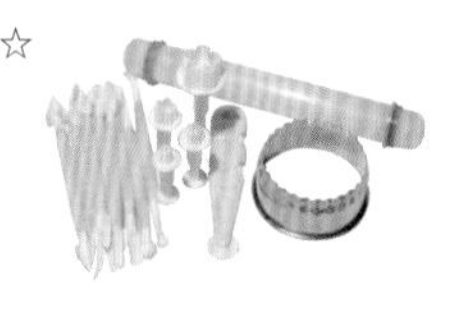

材料 纸杯蛋糕坯 1个 翻糖膏 100克

天然食用色素 少许

糖霜、糖珠 适量

制作过程

01 翻糖膏擀薄，印上花纹，也可用印花擀面杖擀上花纹；

02 用圆形切模切出纸杯蛋糕大小的翻糖皮；

03 纸杯蛋糕表面刷上糖水，粘上翻糖皮待用；

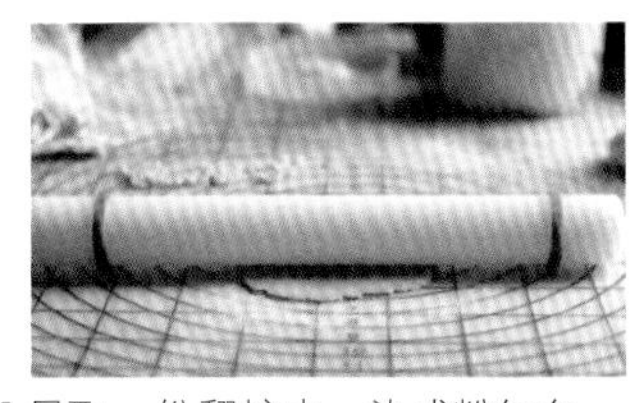

04 另取一份翻糖皮，染成粉红色，擀平；

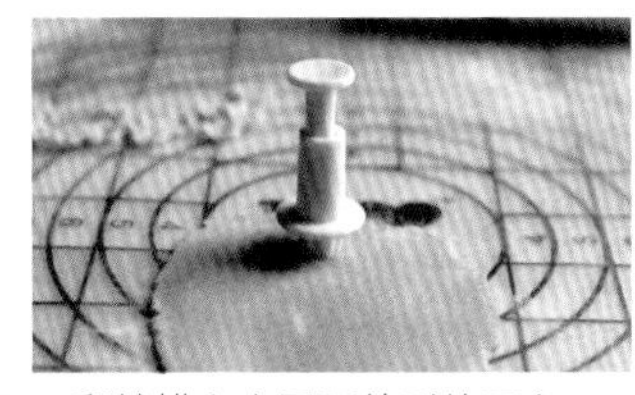

05 用翻糖模印出需要的形状图案；

06 如图印出不同深浅颜色和不同大小的小花；

07 把印好的小花用糖水粘在蛋糕上；

08 再用裱花袋装上糖霜点在花心里，或用糖珠装饰花心即可。

举一反三

借助不同的翻糖花模，我们可以装饰出不同的翻糖纸杯蛋糕。

也可以用饼干切模做出饼干后，印出同样大小的翻糖皮贴在上面，再做装饰，制成翻糖饼干。

温馨贴士

粘贴翻糖的糖水可以用少许翻糖兑水融化制成，此款翻糖纸杯蛋糕采用自制的翻糖糕（详见第125页步骤01~04），稍嫌粗糙。

自制翻糖棋格蛋糕

难易度 ★★★★☆

制作时间 数小时

模具 6寸模

材料

翻糖膏：白色无夹心棉花糖 130克

糖粉 240克　清水 5克

纯天然食用色素 适量

棋格蛋糕坯：6寸可可戚风蛋糕 1个

6寸香草戚风蛋糕 1个

打发淡奶油 适量

白色巧克力 适量

温馨贴士

白色巧克力是帮助松软的戚风蛋糕起支撑作用的，如果蛋糕坯选用的是稍有硬度的海绵蛋糕或重油蛋糕，则不需要刷巧克力。翻糖皮比较甜，建议擀薄一些，就不会吃下太多糖。

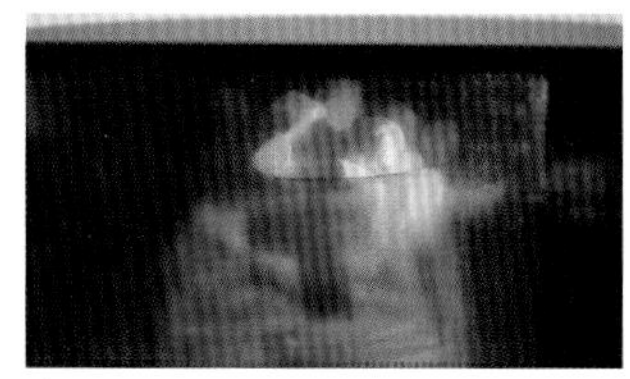

01 棉花糖装入大容器，放入微波炉用中火加热1分钟，全部都鼓胀起来，就可以取出来了；

02 趁热把棉花糖搅拌成膏状；

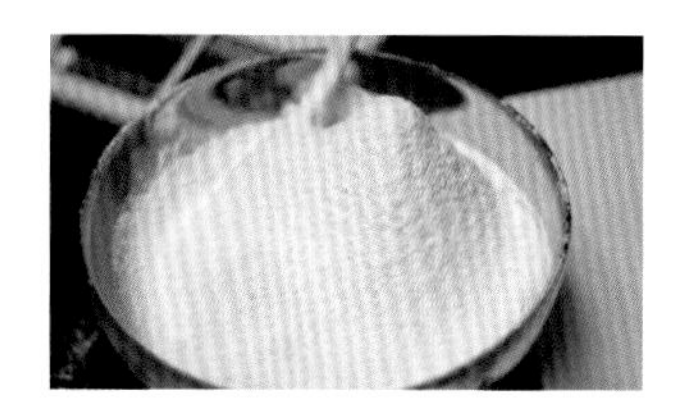

03 筛入全部糖粉，加清水；

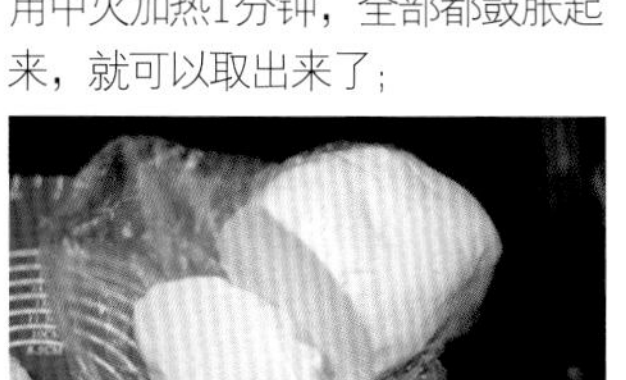
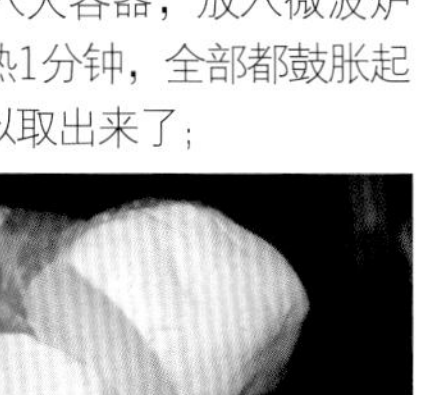

04 揉成光滑的翻糖膏待用；

05 根据所要做的造型和图案，分别用适量翻糖膏和天然色素上色；

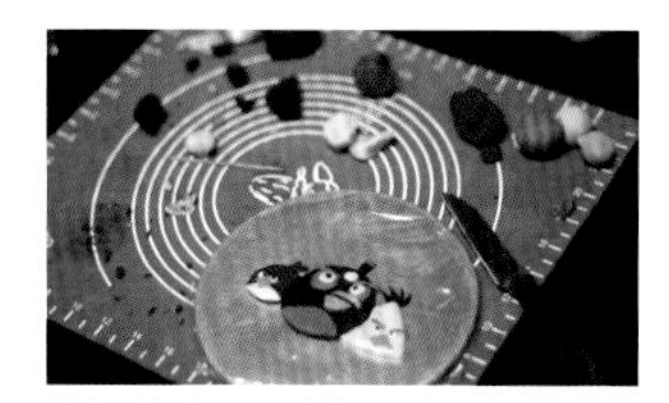

06 像捏橡皮泥一样，捏制出所需要的图案，如图是愤怒的小鸟卡通造型；

07 做好的造型室温下放置待用；

08 烤制好可可味和香草味的戚风蛋糕（详见第016页）；

09 每个蛋糕切出2片1.5厘米厚的蛋糕片；

10 取3个口径不一的容器，分别印在蛋糕片上，用小刀切出圆圈，形成3个环和1个圆心。

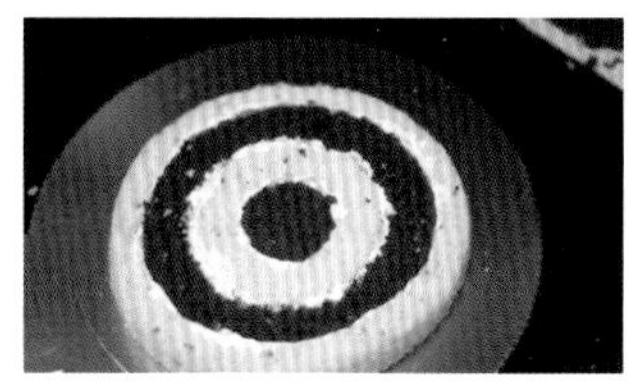

11 颜色不同的环用奶油抹好，套在一起铺成第一层；

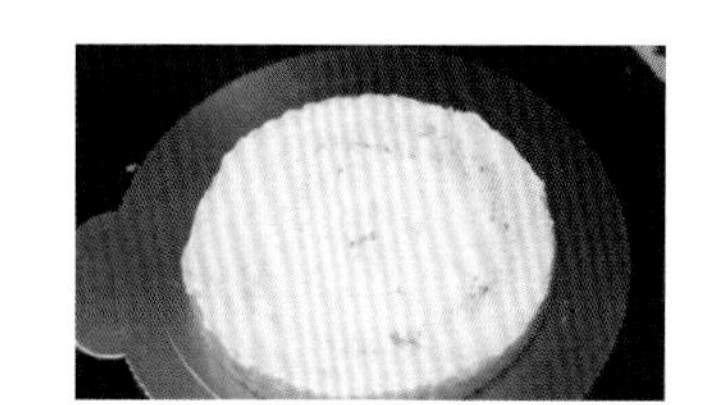

12 抹上薄薄的一层奶油；

13 第二层换另外对应的颜色；

14 共叠3层，然后刷上薄薄的白色巧克力酱，放入冰箱冷藏30分钟；

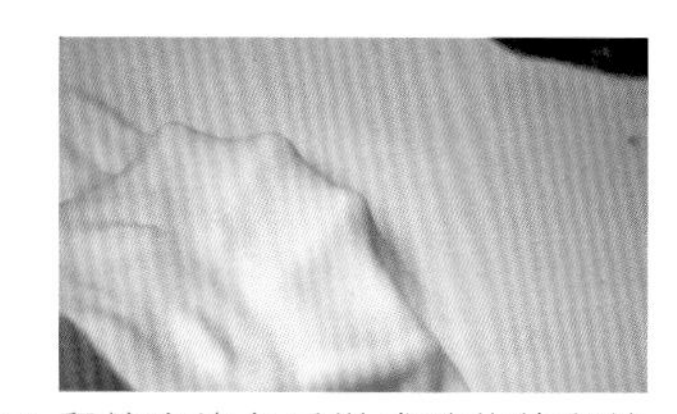

15 翻糖膏染色后擀成稍薄的翻糖皮；

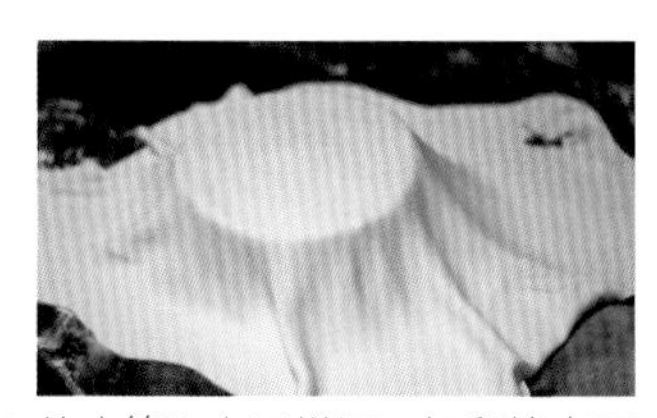

16 从冰箱取出蛋糕坯，把翻糖皮覆盖上去；

17 用手或翻糖抹平器帮助翻糖皮服帖且紧密地贴在蛋糕上；

18 最后用制作好的翻糖造型图案在蛋糕表面进行装饰即可，可用浓糖水来粘合。

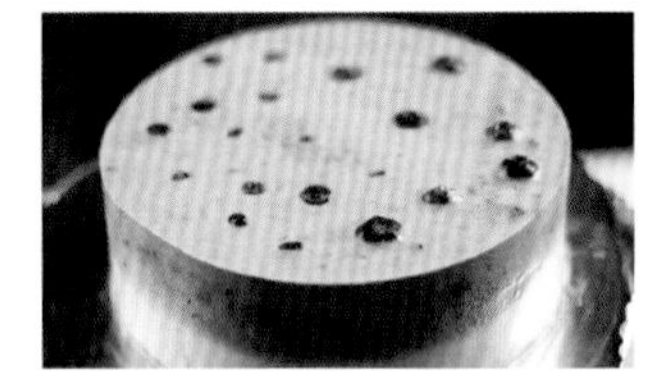

翻糖玫瑰花

翻糖康乃馨

纯手工面包

图书在版编目（CIP）数据

天天烘焙. 甜味篇 / Fendy著. -- 广州 ：广东科技出版社，2014.10（2015.6重印）
ISBN 978-7-5359-5917-1

Ⅰ. ①天… Ⅱ. ①F… Ⅲ. ①甜食—制作 Ⅳ. ①TS213.2 ②TS972.134

中国版本图书馆CIP数据核字(2014)第168321号

特别鸣谢

本书在编写的过程中，得到了刘祥欣、郑穗平、刘兆明、袁绪兰、郑皓天、刘祥超、郑穗华、陈庆邦、赵沁的大力支持，在此特别感谢！

天天烘焙 甜味篇
TIANTIAN HONGBEI TIANWEIPIAN

项目策划：姚 芸 林少娟
责任编辑：姚 芸
装帧设计：林少娟
责任校对：宁百乐
责任印制：罗华之
出版发行：广东科技出版社
地 址：广州市环市东路水荫路11号
邮政编码：510075
E-mail：gdkjyxb@gdstp.com.cn（营销中心）
E-mail：gdkjzbb@gdstp.com.cn（总编办）
http：//www.gdstp.com.cn

经 销：广东新华发行集团股份有限公司
排 版：广州市友间文化传播有限公司
印 刷：广州市岭美彩印有限公司（广州市荔湾区花地大道南海南工商贸易区A幢 邮政编码：510385）
规 格：787mm×1092mm 1/16开 印张8.5 字数180千
版 次：2014年10月第1版
2015年6月第2次印刷
定 价：43.80元

如发现因印装质量问题影响阅读，请与承印厂联系调换。